两岸科技合作与创新治理
历史、现实与未来

Across-straits Cooperation and Governance:
Science, Technology and Innovation

History, Reality and Future

李应博 著

清华大学出版社
北京

图书在版编目（CIP）数据

两岸科技合作与创新治理：历史、现实与未来 / 李应博著 . —北京：清华大学出版社，2021.12
ISBN 978-7-302-59561-8

Ⅰ . ①两… Ⅱ . ①李… Ⅲ . ①海峡两岸—科学技术合作—研究 Ⅳ . ① G322.7

中国版本图书馆 CIP 数据核字（2021）第 239944 号

责任编辑： 梁　斐
封面设计： 常雪影
责任校对： 王淑云
责任印制： 刘海龙

出版发行： 清华大学出版社
　　　　　网　　址：http://www.tup.com.cn, http://www.wqbook.com
　　　　　地　　址：北京清华大学学研大厦A座　　　邮　　编：100084
　　　　　社 总 机：010-62770175　　　　　　　　邮　　购：010-62786544
　　　　　投稿与读者服务：010-62776969, c-service@tup.tsinghua.edu.cn
　　　　　质量反馈：010-62772015, zhiliang@tup.tsinghua.edu.cn
印 装 者： 天津安泰印刷有限公司
经　　销： 全国新华书店
开　　本： 170mm×240mm　　**印　张：** 14.5　　**插　页：** 3　　**字　数：** 251千字
版　　次： 2021年12月第1版　　　　　　　　　　**印　次：** 2021年12月第1次印刷
定　　价： 68.00元

产品编号：085757-01

前　言

　　党的十九届四中全会审议通过的《中共中央关于坚持和完善中国特色社会主义制度、推进国家治理体系和治理能力现代化若干重大问题的决定》（以下简称《决定》）明确指出要"坚定推进祖国和平统一进程"。《决定》提出要推动两岸就和平发展达成制度性安排；完善促进两岸交流合作、深化两岸融合发展、保障台湾同胞福祉的制度安排和政策措施。因此，建立两岸融合发展的新型治理机制，是国家治理现代化的重要内容。两岸经济关系正式开启以来，双方经济贸易往来关系密切，在经贸额和投资总量上逐年增加。这对推进两岸关系行稳致远起到了压舱石的作用。在中国的综合国力和全球影响力已经快速跃升的今天，两岸关系发展的外部环境和内在条件正经历着巨大变化。

　　国家统计局数据显示：20世纪90年代初，中国大陆GDP为17 179.1亿元人民币，中国台湾GDP为1873.14亿美元，大陆和台湾的人均GDP分别是1912元人民币和9000美元；2018年年末，大陆的GDP是90万亿元人民币，已经是台湾的20倍。可见，两岸宏观经济指标在近30年间已经出现了比较明显的变化。在全球科技与经济环境日趋复杂的背景下，新兴技术和产业引领下的创新驱动发展成为提升经济活力的最主要的途径。在《海峡两岸经济合作框架协议》（简称ECFA）签订实施后，两岸贸易、双向投资与金融合作都取得了较快进展，两岸科技合作也随之日渐深化。在一些关键的高技术领域，如节能环保、信息通信、生物医药、先进制造等，双方科技交流的角色日益凸显。随着两岸产业发展对科技依赖的加深，双方的科技交流与合作正在逐步向高科技领域、高技术项目延伸和发展，这种交流与合作在打造两岸整体的科技综合竞争力、占据国际科技前沿、促进两岸产业和经济的共同繁荣和进步方面发挥了重要作用。

2019 年 1 月 2 日，习近平总书记在《告台湾同胞书》发表 40 周年纪念会上指出："探索'两制'台湾方案，丰富和平统一实践……'一国两制'在台湾的具体实现形式会充分考虑台湾现实情况，会充分吸收两岸各界意见和建议……深化两岸融合发展，夯实和平统一基础。"科技交流是两岸融合发展的重要途径，在推动两岸关系发展方面，它与经济文化交流是相得益彰的。台湾地区曾是亚洲"四小龙"之一，在产业和科技创新中曾有典型的成功经验。这些经验在两岸科技产业中找到了应用场景。在《决定》中，国家提出：构建程序合理、环节完整的协商民主体系，完善协商于决策之前和决策实施之中的落实机制；完善科技创新体制机制，健全符合科研规律的科技管理体制和政策体系，改进科技评价体系，健全科技伦理治理体制。在构建和完善国家治理现代化体系的过程中，上述主张为建立两岸科技合作治理框架、落实推动措施和执行机制、促进两岸科技融合、推动两岸经济往来、提高两岸人民的共同利益和福祉，提供了最为重要的战略性方针意见。

两岸科技交流合作是指双方在科学思维、先进技术、科技产品，以及科技研究活动等方面的交流与合作。1992 年两岸科技交流关系正式开启以前，台湾方面禁止大陆科技人员访问台湾，大陆却真诚欢迎台湾科技人员访问大陆。这体现了国家对台政策的包容性，从台湾地区经济发展的长远利益着眼制定政策。20 世纪 80 年代末，两岸的科技合作主要集中在农业和渔业，台湾同胞带着农产品到大陆推广试验，两岸技术交流在民间非正式地展开。这个时期，台湾企业到大陆投资主要以代工厂为主，进行劳动密集型加工制造，体现了台湾科技人员和企业家对大陆发展的贡献和"两岸一家亲"的落实。因此，两岸科技交流主要以互访交流为主。自 1992 年起，在有关各方的积极努力和推动下，两岸科技交流与合作起步，并逐步得到发展。2000—2008 年，民进党在岛内"执政"，两岸关系发生变化，大陆经济快速增长，而台湾经济持续低迷徘徊，两岸科技合作也呈现不稳定的波动情况。这个时期，两岸科技交流仍维持前一阶段的主要特点，以互访、参会为主。2008 年以后，全球金融危机爆发所导致的全球产业链的整合重组速度加快，挖掘新兴市场、发展新兴产业成为世界各国的主要政策议题。国民党再次在台湾地区"执政"，在坚持"九二共识"和一个中国主张的基础上，积极推动两岸交流。两岸科技合作也呈现出快速发展趋势，与产业和经济的互动性越来越强。

但是，两岸科技交流的步调和节奏却始终受到岛内"台独"路线的影响。这要从 20 世纪 90 年代后讲起。李登辉当时提出的"两国论"以及台湾对大陆提出的"戒急用忍"政策,给两岸关系发展已经带来了严峻挑战。2000年民进党"上台"以后,加紧"台独"活动,两岸关系更加错综复杂,两岸经济、科技议题常与政治议题相互交织。台湾当局将很多问题"国际化",在科技创新方面也希望寻求所谓的"国际"空间,并在一些技术领域对大陆实施"高技术封锁",企图保持台湾的核心竞争优势,限制岛内技术资源流向大陆,导致两岸在科技合作方面的严重不对等。加入世贸组织后,中国大陆融入全球市场、参与国际竞争的步伐加快。但是以美国为首的发达国家对新兴经济体的技术管制和封锁仍在继续,美国对中国的技术贸易制裁也时有发生。WTO框架下的TRIPS协议更限制了中国参与全球知识产权体系的进程。与此同时,台湾的有识之士意识到对两岸科技资源一味采取封锁态度已经越来越不适应当今科技全球化的趋势,失去与大陆合作的机会,台湾经济损失巨大。但是,这种情况在2016年民进党再次"执政"时不仅没有得到缓解,反而更加严重。

当前,两岸关系所处的外部环境日益严峻。新冠肺炎疫情影响下的全球经济面临深度衰退的风险;全球政治与安全形势变数激增;单边主义、保护主义、民粹主义影响着全球治理格局及走向。从岛内现实情况看,民进党自2016年以来采取的各种"台独"做法严重阻碍了两岸关系和平发展。即便如此,我们仍"一如既往尊重台湾同胞、关爱台湾同胞、团结台湾同胞、依靠台湾同胞,全心全意为台湾同胞办实事、做好事、解难事"[①]。为大陆台商的投资置业和新冠疫情防控期间复工复产提供多方面及时有效的便利化措施就是集中体现。

两岸科技关系是两岸经济关系中的重要组成部分。推动两岸科技合作与创新治理,对深化两岸融合发展、增进和平统一认同、夯实和平统一基础、丰富和平统一实践,具有重大的历史和现实意义。从历史观考察,台湾是中国领土不可分割的一部分,两岸必归于统一。从两岸关系发展来看,和平统一是两岸同胞利益最大化的共同选项。从两岸交往现实来看,"科技"和"产业"是推动两岸经济往来的主要抓手,也是提升两岸经济交流水平和能力的主要动力。从台湾自身来讲,更受益于科技。台湾地区在20世纪60年代成为亚洲"四小龙",科技创新功不可没。近来台湾当局提出持续强化资讯、数字经济、5G和生物医药科技,更是说明新形势下台湾发展科技产业之迫切程度及其对台湾经济的深远影响。

---

① 习近平.为实现民族伟大复兴 推进祖国和平统一而共同奋斗——在《告台湾同胞书》发表40周年纪念会上的讲话[EB/OL].(2019-01-02). http://www.xinhuanet.com/politics/leaders/2019-01/02/c_1123937757.htm.

40 多年前，《告台湾同胞书》发表，其中饱含着最朴实的中华民族情感。当今中国已经成为全球治理变革的重要推动者，这种感情依然炙热。"秉持同胞情、同理心，以正确的历史观、民族观、国家观化育后人"，这对两岸的当代人意义深远。

国家统一是历史大势。携手推动中华民族复兴，实现国家统一应是两岸同胞共同愿景。只有国家统一，台湾才有美好未来。台湾当局应从根本上认清全体台湾同胞的切身利益所在，坚持"九二共识"，坚持一个中国原则，积极促进两岸关系和平发展与祖国统一。两岸科技合作应见证这一伟大进程并在其中发挥深远影响。

李应博

2020 年 6 月于北京清华园

目　录

第 1 章

区域科技合作与创新治理：理论研究

近半个世纪以来，全球化在广泛意义上促进了科技要素和创新资源在更大空间尺度和部门间的流动配置，成为塑造其紧密关系、增强彼此依赖、推动经济融合发展的重要途径。但总体上讲，这种"全球化"并未呈现出空间上的均质分布，很多国家和地区尚未进入高速或高质量发展阶段，核心科技资源和高端科技环节掌握在发达国家手里的情况也不少见。但是，由于当今全球生产网络和产业链环节高度细分，简单采取地区间技术转移的方式很难有效推动科技创新，并且很有可能会造成低端技术的路径锁定。为了突破此种限制，采取开放式、协同性的新区域主义逻辑推动区域间科技合作，提升创新治理绩效，已是必须的一种科技合作态度和途径。

1.1　世界范围内区域化发展特征

生产要素的全球流动提高了生产效率，带来了区域经济发展的繁荣。商品、服务、资本和知识等要素的自由流动可以促进区域经济的融合发展，但以国家主权为边界的世界政治格局在面对全球化浪潮冲击时仍然受到巨大挑战。国际秩序面临一个"两难悖论"：世界经济体系已经全球化，但政治架构仍然以民族国家为基础。美国前国务卿基辛格认为：国际秩序的巩固与发展依赖成功的全球化，但全球化的进程也会同时引发逆全球化的政治反应。①

从总体上看，全球化虽然在近半个世纪以来不断深化，但是是以碎片化形态呈现的。也就是说，在全世界范围内地区发展并不均衡。从人口分布来看，东亚与太平洋地区人口总量最大，南亚地区次之，撒哈拉以南非洲地区的人口总数和欧洲与中亚地区相近，拉丁美洲与加勒比海地区、中东与北非地区人口总数分别位列第五和第六，北美地区人口总数最少。参见图1.1。从人均GDP来看，北美地区的人均GDP远远高于其他地区，欧洲与中亚地区次之，拉丁美洲与加勒比海地区、东亚与太平洋地区、中东与北非地区人均GDP相近，撒哈拉以南非洲地区和南亚地区人均GDP最低。参见图1.2。

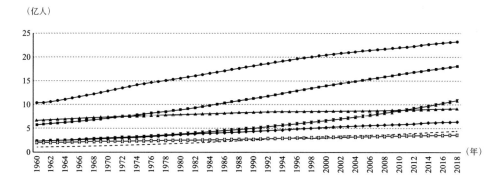

图 1.1　1960—2018年全球各地区人口分布情况

数据来源：根据世界银行数据库内容整理。

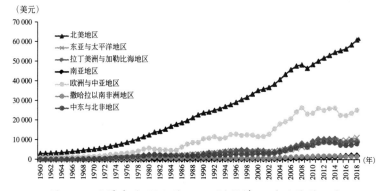

图 1.2　世界各大区人均GDP增长情况（现价美元）

数据来源：根据世界银行数据库内容整理。

---

① Kissinger H. World Order[M]. New York: Penguin Books, 2014.

从空间尺度上看，即便是基础设施这项基础指标，在分布上都呈现不均衡的状态。联合国 2018 可持续发展（SDG）报告指出：全球基础设施（physical infrastructure）的可达性在国家间并不均衡，很多欠发达国家的公路、桥梁等基础设施甚至还未达到满足经济发展的基本需求。

从创新指标看，在 1992 年到 2017 年这 25 年间，东亚与太平洋地区的专利申请量最多，北美地区次之，欧洲与中亚地区再次，拉丁美洲与加勒比海地区、南亚地区、中东与北非地区的专利申请量较少（撒哈拉以南非洲地区无专利申请量数据）。参见图 1.3。

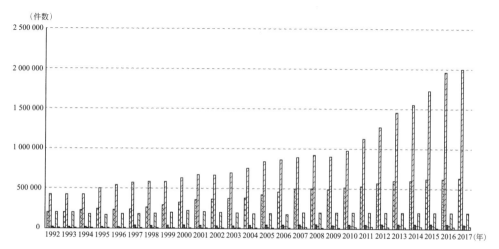

图 1.3　1992—2017 年全球各地区居民和非居民专利申请量

数据来源：根据世界银行数据库内容整理。

从进出口贸易来看，欧洲与中亚地区商品进出口贸易额在各大区域中居首位，东亚与太平洋地区次之，北美地区与前两个地区相比，贸易额相差较大，位居第三。拉丁美洲与加勒比海地区、中东与北非地区的商品进出口贸易额相差不大，位列第四和第五。南亚地区、撒哈拉以南非洲地区商品进出口贸易额最低。参见图 1.4。

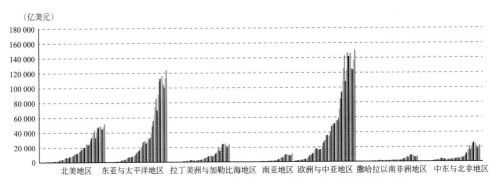

（亿美元）

图 1.4 1960—2018 年全球各地区进出口额（现价美元）
数据来源：根据世界银行数据库内容整理。

在区域间合作的制度化上，目前共有 295 个区域贸易协定（RTA）在执行①，从 1948 年至 2019 年，RTA 的新增数量呈现出快速增长趋势，在 2009 年达到峰值，参见图 1.5。欧洲、东亚地区和南美洲加入 RTA 的数量位居全球前三，参见图 1.6。国家和地区处于不同经济发展阶段的差异性与此有较强的相关性。

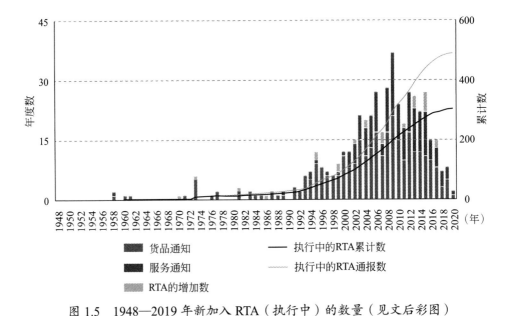

图 1.5 1948—2019 年新加入 RTA（执行中）的数量（见文后彩图）

---

① 数据来源：http://rtais.wto.org/UI/PublicAllRTAList.aspx.

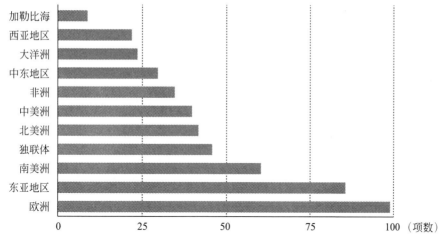

图 1.6 世界各大区加入 RTA（执行中）的情况

1.2 区域协调发展的理论范式转换：新区域主义转型

区域主义（The Localism ／ The Regionalism）既是一种理论，又指一种社会行为方式，20 世纪 50 年代开始兴起，强调巩固国家与周边地区的利益及外交。区域主义是指有着共同历史经历、地理区域上接近的一群国家或社会，被有组织地赋予法律上和制度上的外形，并按一些制定的游戏规则发展的互动方式。[①] 区域主义是从高度政治化的概念演变而来的，是"二战"后国际关系理论中的重要分支。关税同盟在欧洲实行后，区域经济一体化的进程和研究都得到了快速推进。20 世纪 50 年代，学者们关注更多的是经济区域空间结构优化问题。20 世纪 60 年代开始，各种区域发展的模式和内在机制成为理论研究与实践场域的焦点。

1.2.1 新区域主义理论的发展

20 世纪 70 年代后，由于冷战思维和孤立主义开始大行其道，区域主义陷入低迷。

---

① Stubbs R, Underhill G. Political Economy and the Changing Global Order[M]. London:Macmillan，1994:70-71.

20世纪80年代，冷战结束，全球化迅速推进，区域主义再次复苏。20世纪80年代后期，随着发达国家逐步进入后工业化社会，科技发展及政府财政危机挑战着"科层制"和"政治—行政"二分制体系，新公共管理运动席卷世界。与之相伴而生的是公共治理与公民意识被不断唤醒。在地区尺度上，经济要素（如贸易和投资、生产和销售、金融和科技等）与地方社会资本、制度与社区公民意识彼此嵌入，形成了集群和地方化网络。[1][2] 在城市尺度上，世界城市、全球城市、区域性城市、国家中心城市、外围城市等成为世界或区域信息和物质流动的传输节点[3][4][5][6]，形成了强烈的空间依赖性。在跨国家尺度上，随着全球化的推进，经贸往来紧密程度日益加深。此时，以自由贸易协定（FTA）、区域贸易协定（RTA）为载体的地区间合作与对话机制不断强化，区域集团和区域联盟组织兴起。斯科特（Scott）认为区域经济合作组织形成了彼此嵌套的全球地图上的"马赛克"，成为新世界体系中重要的空间载体。[7] 新区域主义（New Regionalism）开始取代旧区域主义（传统区域主义），逐步登上全球治理舞台。

从区域主义发展脉络看，旧区域主义强调整合和中心化，而新区域主义恰恰与之相反，更强调协同与合作。旧区域主义（也可以称为传统区域主义）强调政府干预和权力中心化。从旧区域主义到新区域主义，政府和社会组织在其中的角色机制发生了明显变化。新区域主义的纵深发展进一步推动了与全球化进程相伴的世界政治经济区域化进程。"新区域主义"被定义为一种包括经济、政治、文化等各个方面的多纬度的区域一体化进程，它在经济上将原先处于地理空间分割下的国家与市场联结成一个功能的经济单元；在政治上将建立领土控制、区域内聚力和区域认同作为主要目标。从区域治理手段看，旧区域主义更强调整合，新区域主义更关注协调。[8] 参见图1.7。

---

① Castells A. The Role of Intergovernmental Finance in Achieving Diversity and Cohesion: The Case of Spain[J]. Environment and Planning C-Government and Policy, 2001(2): 189-206.

② Dicken P. The Multiplant Business Enterprise and Geographical Space: Some Issues in the Study of External Control and Regional Development[J]. Regional Studies, 2007(41):37-48.

③ Cohen R B. The New International Division of Labour, Multinational Corporations and Urban Hierarchy[M]. In: Dear. M., Scott, A.J. (ed.) Urbanization and Urban Planning In Capitalist Society. London: Methuen, 1981: 287-315.

④ Friedmann J. The World City Hypothesis[J]. Development and Change, 1986:12-50.

⑤ Hall P. The Global City[J]. International Social Science Journal, 1996(147):15-23.

⑥ Peter J. Taylor. Regionality in the World City Network[J]. International Social Science Journal, 2004(181): 361-372.

⑦ Scott A J. Globalization and the Rise of City-regions[J]. European Planning Studies, 2001(7): 813-826.

⑧ Hamilton D K. Measuring the Effectiveness of Regional Governing Systems: A Comparative Study of City Regions in North America[M]. New York: Springer, 2013.

图 1.7 从最集中式到最去中心化的区域主义体系

事实上，新区域主义是在全球经济一体化进程中，随着区域经济发展受到有限资源和空间约束而产生的一种区域合作治理理论。它成为 20 世纪 90 年代以来在区域发展研究领域的重要理论范式。新区域主义显著的理论特征是强调区域合作与融合。其主旨是通过建立灵活的政策网络和资源共同体，以及达成利益共识来推动区域整合协调。全球经济一体化进程推动了新区域主义应用范畴的扩展，经济发展中资源的有限性和环境约束使得区域成员为合作发展寻求新的理论支点。那些地理位置邻近、经济上依存度较高的地区形成新的区域联盟来应对国际间日益复杂的政治、经济、社会、安全等领域的矛盾和冲突。国家内部因区域间的差异和区域合作的需要也要求以新区域主义视角来探求合作治理的路径。新区域主义提倡以灵活的治理横向网络代替单一僵化的管理模式，吸纳区域内其他非营利组织、商业社团和公民组织参与整体治理，体现了世界各大城市区域对全球化经济影响的有机吸收和积极反馈。新区域主义为区域整体发展提供了灵活多样的治理模式，地区可以因地制宜，制定富有创造性的治理政策。参见图 1.8。

当然，对新区域主义也存在基本批判。相较于通过合作解决地方层面捆绑利益

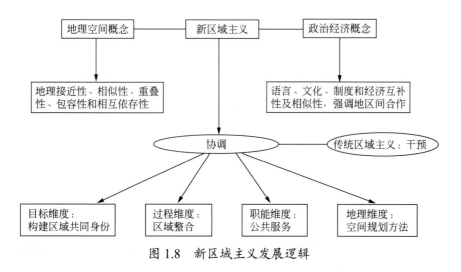

图 1.8 新区域主义发展逻辑

的视角[①], 治理群体中的不透明决策和间接民主问责都与新区域主义相关[②③]。新区域主义在区域治理中促进了"非政府参与"。[④] 区域治理机构的缺失创造了一种分散的宽松的制度环境。[⑤] 这可以促进政府机构、社会组织和市场主体的参与; 在这种超地方治理中没有"非腐败"排斥和广泛规制的理由。"谁没有参与?"这个问题在决策中维持着"政治性"。[⑥] 但是, 新区域主义仍为区域合作带来了些许曙光。权力竞技场和治理水平的松散耦合导致了权力分散和广泛谈判, 这又促进了与一些不太可能合作的伙伴建立共识, 并在追求合作时对涉及的共同利益达成特殊约定。[⑦⑧] 因此, 这种"关系创新"更有可能发生在新区域主义视角下。在此看来, 新区域主义视角下的政策制定基本上是通过高层和低层两个层次的政府部门间实现"规模跳跃"[⑨], 社会组织自愿参与, 以及由代表商业行为的参与者来共同完成的。

1.2.2 新区域主义下的区域合作

从新区域主义视角思考区域经济、社会和政策问题, 成为区域合作领域的一种研究趋势。区域合作包含两个层面的内容: 一是协调, 二是发展。"协调"主要是研究跨地区间合作协同的问题, 包括地区间协作和地区间冲突的调解。地区间协作更多的是功能性的协调, 即对市场解决不了的困难进行协调, 比如公共设施建设、行业法规制定等。地区间冲突的调解则是区位性的协调, 即对不同行政区划之间的

① Mittelman, James. Rethinking the "New Regionalism" in the Context of Globalization[J]. Global Governance, 1996, 2(2): 189-213.

② Brenner N. Berlin's Transformations: Postmodern, Postfordist… or Neoliberal?[J]. International Journal of Urban and Regional Research, 2002(3):635-642.

③ Papadopoulos Y. Cooperative Forms of Governance: Problems of Democratic Accountability in Complex[J]. European Journal of Political Reserch, 2003(4):472-501.

④ Kubler D, Schwab B.New Regionalism in Five Swiss Metropolitan Areas: An Assessment of Inclusiveness, Deliberation and Democratic Accountability[J]. European Journal of Political Research, 2007(4):473-502.

⑤ Andersen O J, Pierre J.Exploring the Strategic Region: Retionality, Cotext, and Institutional Collective Action[J].Urban Affairs Review, 2010(2):218-240.

⑥ Hillier J. Splintering Urbanism: Networked Infrastructures, Technological Mobilities and Urban Condition[J]. Political Geography, 2003(6):707-710.

⑦ Benz A, Eberlein B.The Europeanization of Regional Policies: Patterns of Multi-level Governance[J]. Journal of European Public policy, 1999(2):329-348.

⑧ Booher D E, Innes J E.Network Power in Collaborative Planning[J]. Journal of Planning Education and resesrch. 2002(3):221-236.

⑨ Ruth Van Dyck. Divided We Stand: Regionalism, Federalism and Minority Rights in Belgium[J]. Res Publica, 2011(2):429-446.

矛盾和冲突进行协调，比如制度协商、协调地区利益、消除政策壁垒等。"发展"是每个地区的共同责任，目标是建立经济、社会、环境、资源、文化层面上的可持续发展格局。区域协调发展，并不是单纯要缩小地区间经济差距，它是基于非均衡发展战略下，客观承认区域禀赋的特点和异质性，行稳致远地实现区域"包容性发展"①。

区域协调发展的产业和功能的分工与协调、基础设施建设与生态环境整治的区域化、制度与政策的一体化安排、区域空间结构的整体规划与协调、区域社会文化的交融与整合等对策是区域协调发展的重要内容。② 区域协调发展的主要困境是发展目标的冲突、资源的限制以及发展重点的模糊，而解决路径在于积极发挥中央政府的作用。③ 欧盟国家区域协调发展经验可为我国制定区域协调发展战略提供经验启示。④ 地方政府的制度创新对区域协调发展有双重影响，要规范其制度创新，抑制负面影响。⑤ 产业集群理论是目前指导我国非均衡区域协调发展的理论选择。⑥ 新区域主义对我国区域协调发展的研究方法、研究对象、发展目标及区域规划方面具有启示性，可以通过设立特别基金引导区域向协调方向发展，通过立法保护区域生态环境，通过政府间协商谈判解决并加强行政合作。⑦

解决区域合作中出现的各类问题，必须有一个很好的协调机制，以便达成各城市间良好的沟通和对话，建立起区域范围内的良性发展局面。⑧ 区域协调机制实际上是为实现区域间和区域内部的和谐、持续发展，优化资源配置，协调处理矛盾，统筹安排区域性事务而采取的各种政策和措施的总称。区域协调实质上是政府对区域经济进行干预的一个方面。

在区域协调过程中，"政府"和"市场"是两种最基本的手段。政府在公共性平台上提供服务，市场发挥资源配置上的基础性作用。关键是能否找到政府与市场两者在促进区域利益上的最佳平衡点，其机制设计是否有效？

---

① 亚洲开发银行 2007 年提出了"包容性增长"的概念。2011 年亚洲博鳌论坛将"包容性发展"确定为年会论坛主题。
② 李培祥.城市与区域协调发展对策研究 [J].生产力研究，2008(3): 82-85.
③ 严汉平，白永秀.我国区域协调发展的困境和路径 [J].经济学家，2007(5):126-128.
④ 陈瑞莲.欧盟国家的区域协调发展：经验与启示 [J].政治学研究，2006(3):118-128.
⑤ 周宝砚.区域协调发展与地方政府制度创新 [J].长江论坛，2006(5):61-63.
⑥ 兰肇华.我国非均衡区域协调发展战略的理论选择 [J].理论月刊，2005, (11):143-145.
⑦ 吴超，魏清泉."新区域主义"与我国的区域协调发展 [J].经济地理，2004(1):1-7.
⑧ 王川兰.区域经济一体化中的区域行政体制与创新 [D].上海：复旦大学，2005.

在区域协调机构的政策安排下，制度协调、产业协调、市场协调和空间布局协调是区域协调发展机制的四个组成部分。政策协同与政治对话、产业链优化、市场机制和基础设施互联互通是区域政策协调机构形成四种机制的渠道。四种协调机制彼此间又可以形成相互作用。从图1.9看，"政府"和"市场"的平衡点在于两者能否在不同地区共有"公共利益空间"。

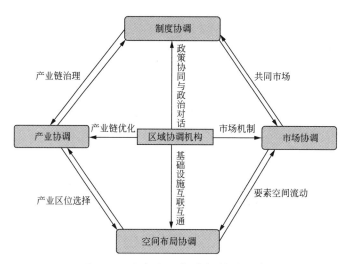

图 1.9 区域协调发展机制的组成

1.3 区域科技合作：从管理向治理的转变

1995年，联合国全球治理委员会发表了一份题为《我们的全球伙伴关系》的研究报告，提出了"治理"的概念。治理是指各种公共的或私人的个人和机构管理其共同事务的诸多方式的总和。它是使相互冲突的或不同的利益得以调和并且采取联合行动的持续的过程。这既包括有权迫使人们服从的正式制度和规则，又包括各种人们同意或认为符合其利益的非正式的制度安排。它有四个基本特征：治理不是一整套规则，也不是一种活动，而是一个过程；治理过程的基础不是控制，而是协调；治理既涉及公共部门，又包括私人部门；治理不是一种正式的制度，而是持续的互动。①

---

① The Commission on Global Governance. Our Global Neighborhood: The Report of the Commission on Global Governance [R]. Oxford University Press, 1995.

1.3.1 区域治理

当今，区域治理已经成为重要的公共政策和区域发展议题，尤其是在全球化的今天，跨国家、跨组织、跨地区的治理问题，更是重要的学术问题。制度经济学、区域经济学、发展经济学、公共经济学等经济学学科的方法，以及政治学和社会学等学科的理论被逐步移植到区域治理领域。经验型研究成果不断涌现，为区域治理的相关研究提供了丰富的基础方法和案例。但是在区域治理理论范式上，仍具有很大的探索空间。

区域治理的基本问题是面向区域经济、政府间关系、区域一体化、网络治理以及公共议题的相关治理。费奥克（Feiock，2007）提出理性选择下的志愿型区域治理是一种政治契约过程。① 皮尔斯和莫森（Pearce & Mawson，2010）从政治动员角度研究了政府干预型区域治理的有效性。② 在区域治理绩效评价研究方面，欧盟模式是经典模式。尼古拉斯等人（Nicholas et al.，2013）研究提出了"政府治理素质"（QoG）指数，它与社会信任程度高度相关。③ 塔玛拉和梅利卡（Tamara & Melika，2012）研究了荷兰城市的四个区域治理案例，提出了区域治理困境时（当不再向区域机构提供正式任务且经济危机为参与者创造输赢局面时），基于利益协调的区域合作如何继续进行。④

从实践上看，区域治理呈现出多领域、多问题、跨边界的特点。阿纳博（Arnab，2010）就土地监管案例，探讨了情景规划方式在解决跨区域治理困境中的影响。⑤ 克里斯蒂娜（Krisztina，2014）通过多维视角，绕过以国家为中心的跨区思维，对荷兰—德国—比利时边境地区跨境区域治理进行了案例研究。⑥ 吉森（Giessen，2009）

① Feiock R C. Rational Choice and Regional Governance [J]. Journal of Urban Affairs, 2007(1):17.

② Pearce G, Mawson J, Ayres S. Regional Governance in England: A Changing Role for the Government's Regional Offices? [J]. Public Administration, 2010(2):443-463.

③ Nicholas C, Lewis D, Victor L. Regional Governance Matters: Quality of Government within European Union Member States[J]. Journal of Regional Studies, 2013 (1): 68-90.

④ Tamara Metze, Melika Levelt. Barriers to Credible Innovations: Collaborative Regional Governance in the Netherlands[J]. The Innovation Journal: The Public Sector Innovation Journal, 2012(1): 2-15.

⑤ Arnab Chakraborty. Scenario Planning for Effective Regional Governance: Promises and Limitations[J].State and Local Government Review, 2010 (42): 156.

⑥ Krisztina Varró. Spatial Imaginaries of the Dutch-German-Belgian Borderlands: A Multidimensional Analysis of Cross-Border Regional Governance [J]. International Journal of Urban and Regional Research, 2014, 38(6): 2235-2255.

研究指出，区域治理的提出对德国农村地区发展自助计划发挥了重要影响。① 阿德里亚诺（Adriano，2014）的研究提出了具有冲突的治理模式和中间制度主义的区域化体系。该研究文献中明确提出区域机构间委员会的管理常规需要采用更民主的手段，并与教育机构建立联系，以反映区域发展需求。② 在对南威尔士去工业化的跨区治理研究中，作者指出应通过权力下放和建立威尔士议会政府（WAG）来设置跨地区共同的经济目标、社会目标和能源目标，并以此进行政策创新。③ 康斯坦茨湖（博登湖）环境治理的案例提供了跨境治理的经验和做法。④ 爱德华多·梅代罗斯（Eduardo Medeiros，2017）研究指出，在刺激区域经济活动和提升地区吸引力的策略性干预下，"经济—技术"维度下的政策方案在跨区治理中的作用最显著。⑤ 路易斯·德·索萨（Luis De Sousa，2012）在对欧盟一体化研究中发现，跨区域合作和组织的实现程度因地区而异，取决于各种促进有效跨境合作的因素，经济、政治领导、文化/身份和国家形成以及地理因素都与之相关。对此，该研究提出通过关注合作的水平和驱动力来理解欧盟跨区治理的绩效增长和模式多样性。⑥ 迪米特里（Dimitri）等人（2006）以旅游业为研究对象，探讨了跨边境地区旅游业规划发展中身份统一这一主导力量对协调地区间利益的重要性。⑦

　　2000年以后，国内学者对区域治理的研究热度开始上升。区域治理是基于一定的经济、政治、社会、文化和自然等因素而紧密联系在一起的地理空间内政府、非政府组织及社会公众等各种组织化的网络体系，以及对区域公共事务进行协调和自

① Giessen. Regional Governance in Rural Development Programs – Which Role for Forestry?[J]. Folia Forestalia Polonica, 2009(1):54-60.

② Adriano Maia dos Santos, Ligia Giovanella. Regional Governance: Strategies and Disputes in Health Region Management[J]. Rev Sauúde Puública, 2014(4):622-631.

③ Wang Y, Eames M. Regional Governance, Innovation and Low Carbon Transitions: Exploring the Case of Wales[J]. ERSCP-EMSU conference, Delft, The Netherlands, October 25-29, 2010.

④ Zumbusch, Kristina, Scherer, Roland. Limits for Successful Cross-border Governance of Environmental (and spatial) Development: The Example of the Lake Constance Region, REGov workshop "Regional Environmental Governance - Interdisciplinary Perspectives, Theoretical Issues, Comparative Designs"[R]. Geneva, 2010.

⑤ Eduardo Medeiros. From Smart Growth to European Spatial Planning: A new Paradigm for EU Cohesion Policy Post-2020[J]. European Planning Studies, 2017(10): 1856-1875.

⑥ Luis De Sousa. Understanding European Cross-border Cooperation: A Framework for Analysis[J]. Journal of European Integration, 2012(6):669-687.

⑦ Arie Stoffelena, Dimitri Ioannidesb, Dominique Vannestea. Obstacles to Achieving Cross-border Tourism Governance: A multi-scalar Approach Focusing on the German-Czech Borderlands[J]. Annals of Tourism Research, 2017(5): 126-138.

主治理的过程。① 从地区主义与区域治理的互动关系角度看，欧盟经验提供了一种治理模式。② 我国区域内多元利益相关者在治理主体结构中存在缺位或虚位现象。③ "中国式"邻避抗争的特征和集体行动类型解释了公民参与区域治理的某些方式。④ 同时，在公共物品外部性视角下也可以进行区域治理问题研究。⑤ 也有学者借助"行政区经济"理论，分析了国内跨省都市圈空间整合的瓶颈限制因素等，构建了"跨省区域治理"的基本研究框架。⑥ 在跨区治理研究上，理论总结和案例分析成果日渐增加，如跨域治理的过程、结构与整合模型⑦，跨域治理实践中的现实困境及其成因⑧，跨域治理协同评价的逻辑框架和基于序参量识别的政府跨域治理协同评价指标体系⑨，京津冀三地跨区治理雾霾的困境破解之道⑩，长三角区域的社会信用体系中的地方政府合作过程、主体和机制⑪，深圳惠州之间垃圾填埋场污染纠纷案和台北基隆垃圾合作治理案中的行政协调⑫，地方水资源跨区治理模式研究等⑬。

在国际经验中，建立多层次区域治理组织机构，包括区域发展委员会、区域治理局以及跨区域公共政策联盟，是有效执行跨区治理的策略组合。从属性上看，跨区协调行为是区域公共产品。在实践中，跨区协调行为绝大多数情况下是在不完全信息条件下进行的。

跨区利益协调与功能主义和福利主义密切相关：功能主义更注重利益协调目标和过程；福利主义则强调利益协调结果。跨区利益协调源于争议解决，它既包括"治理

① 马海龙. 区域治理结构体系研究 [J]. 理论月刊，2012(6):117-120.
② 杨毅，李向阳. 区域治理：地区主义视角下的治理模式 [J]. 云南行政学院学报，2004(2):50-53.
③ 杨道田. 新区域主义视野下的中国区域治理：问题与反思 [J]. 当代财经，2010(3):89-94.
④ 崔晶. 中国城市化进程中的邻避抗争：公民在区域治理中的集体行动与社会学习 [J]. 经济社会体制比较，2013(3):167-178.
⑤ 郭延军. 美国与东亚安全的区域治理——基于公共物品外部性理论的分析 [J]. 世界经济与政治，2010(7):36-50.
⑥ 陶希东. 跨省区域治理：中国跨省都市圈经济整合的新思路 [J]. 地理科学，2005(5):529.
⑦ 申剑敏，朱春奎. 跨域治理的概念谱系与研究模型 [J]. 北京行政学院学报，2015(4):38-43.
⑧ 胡贵仁. 区域协调发展视角下的跨域治理——理论架构、现实困境与经验性分析 [J]. 安徽行政学院学报，2018 (3):83-89.
⑨ 曹堂哲. 政府跨域治理的缘起、系统属性和协同评价 [J]. 经济社会体制比较，2013(5):117-127.
⑩ 孟祥林. 京津冀协同发展背景下的城市体系建设与雾霾跨区治理 [J]. 上海城市管理，2017(1):37-42.
⑪ 申剑敏，陈周旺. 跨域治理与地方政府协作——基于长三角区域社会信用体系建设的实证分析 [J]. 南京社会科学，2016(4):64-71.
⑫ 饶常林，黄祖海. 论公共事务跨域治理中的行政协调——基于深惠和北基垃圾治理的案例比较 [J]. 华中师范大学学报 (人文社会科学版)，2018(3):40-43.
⑬ 崔晶. 中国城市化进程中的邻避抗争：公民在区域治理中的集体行动与社会学习 [J]. 经济社会体制比较，2013(3):167-178.

困境"问题,又包括"治理失灵"问题。协调利益可以是利益相关者主动自愿协调(如
协商对话),也可以是被动式协调(如执行上级政策)。

在全球化和区域化并行时代,各种跨区域治理问题层出不穷,在发展中仍面临
着诸多协调难题。国家间、地区间的跨区治理涉及经济合作、政治对话、生态保护、
科技创新以及公共服务等各类问题。西方业界、学界关于跨区治理的研究,多是以
西方政治语境和社会情景为背景,对此可以借鉴,但不可囿于此。置身于全球经济
发展转型的历史机遇期,我国国家治理和地区发展实践的丰富度,以及政策的不断
创新,更将为区域合作与治理研究贡献中国方案。

1.3.2 科技治理

科技治理是指运用"治理"理念和方法对公共科学技术事务进行管理,其主
要特征如下:①强调科技管理中科学自主性发展,主张科研机构根据科技进步规律
和实际情况决定科技发展具体事务;②主张科技专家通过组织化和制度化方式参
与科技决策,不断扩大科研机构的社会影响力;③鼓励科技管理过程多层级、网
络化合作,重视跨区域、跨部门纵向与横向交流。经合组织(OECD)将科技治
理称为"科学、技术和创新治理"(science, technology and innovation governance,
STIG)。约翰·H. 吉本斯(John H.Gibbons)和霍利·L. 格温(Holly L.Gwin)论
述了美国国会技术办公室在信息技术治理问题中的作用,并分析了信息治理的结
构和机制。[1] 昆·博伊默(Koen Beumer,2019)以印度纳米技术为例,强调国家
建设中的技术并不是片面的治理实践,国家建设和科技治理是相互构建的。[2] 杰
奎琳(Jacquelyne,2018)分析了规范实践和参与性治理可排除新兴技术与道德、社
会和政治复杂触碰的机会,提出了"争议性"技术的发展前景。[3] J. 戴维等人(J.David
et al.,2019)通过构建治理框架,证实 ISO 14000 系列标准在信息技术治理中的应用。[4]

---

[1] John H. Gibbons, Holly L. Gwin. Technology and Governance[J].Technology in Society,1985(7):333-352.

[2] Koen Beumer.Nation-Building and the Governance of Emerging Technologies: the Case of Nanotechnology in India[J].Nanoethics, 2019(13):5-19.

[3] Jacquelyne Luce.Mitochondrial Replacement Techniques:Examining Collective Representation in Emerging Technologies Governance[J].Bioethical Inquiry, 2018(15):381-392.

[4] J. David Patón-Romero, Maria Teresa Baldassarre, Moisés Rodríguez,Mario Piattini.Application of ISO 14000 to Information Technology Governance and Management[J].Computer Standards & Interfaces, 2019(65):180-202.

萨里塔等人（Sarita et al.，2019）以毛里求斯的 IT 产业为例，建立了绿色 IT 产业治理模式。①

国内学界在科技治理研究中的主要观点如下。薛桂波和赵一秀（2017）利用集体、开放、综合的"责任式创新"为科技治理构建伦理框架，推动创新与社会价值、"责任"相互融合以及与社会期望相互契合，建设科技治理范式。② 曾婧婧和钟书华（2011）认为国家科技治理是源于国家使命地方化以及地方利益区域化诉求产生的，可以分为纵向科技治理模式、地方间政府横向科技治理模式以及多主体间网络化科技治理模式三种。③ 黄小茹和饶远（2019）提出了"边界组织"治理模式，其中一个典型案例是美国的生物科学领域多主体持续参与下的新治理机制的形成。④ 此外，在对国外科技治理模式、机制、政策工具应用和政策学习等方面取得的经验和教训⑤⑥，以及从治理视角分析新型科技服务体系⑦，也是国内近期的研究热点。国际型科技治理是基于国际研发合作以及贸易这两方面的诉求而产生的，因此可以分为基于研发的科技治理模式与基于贸易的科技治理模式两种。国际科技治理工具包括超国家法律、嵌套性规则、监管式自治、集水区规则、规则转移、联合规则、相互认可与调试 7 种；国内科技治理工具包括结构式控制工具、合同式诱导工具以及互动式影响工具 3 种。⑧ 科技治理应破除科技创新链条上的诸多体制机制关卡，改变经济与科技"两张皮"的问题，强化企业技术创新主体地位。⑨ 国内学者们提出，应从积极适应科技创新发展的新要求、大力实施创新驱动发展、合理配置研发资源和合力推动创新型国家建设等几方面完善我国的科技治理体系。⑩

在跨部门科技治理的研究方面，国内学者的主要观点包括：科技合作治理包括"自上而下"与"自下而上"的互动沟通、中央政府的主导统筹与地方政府的协同配合、

---

① Sarita H R, Vanessa C , Tomayess I . A Green Information Technology Governance Model for Large Mauritian Companies[J]. Journal of Cleaner Production, 2018(198): 488-497.
② 薛桂波，赵一秀．"责任式创新"框架下科技治理范式重构 [J]. 科技进步与对策，2017(11):1-5.
③ 曾婧婧，钟书华．科技治理的模式：一种国际及国内视角 [J]. 科学管理研究，2011(1):37-41.
④ 黄小茹，饶远．从边界组织视角看新兴科技的治理机制——以合成生物学领域为例 [J]. 自然辩证法通讯，2019(5):89-95.
⑤ 陈喜乐，朱本用．近十年国外科技治理研究述评 [J]. 科技进步与对策，2016(10):148-153.
⑥ 刘远翔．美国科技体系治理结构特点及其对我国的启示 [J]. 科技进步与对策，2012(6):96-99.
⑦ 高雪桃，杨涵．科技创新治理下科技服务业发展研究 [J]. 科技创业月刊，2019(5):47-49.
⑧ 曾婧婧，钟书华．论科技治理工具 [J]. 科学学研究，2011(6):801-807.
⑨ 万立明．新时代优化科技治理体系的思维逻辑 [J]. 国家治理，2019(2):45-52.
⑩ 中国科学技术发展战略研究院课题组．国内外科技治理比较研究 [J]. 科学发展，2017(6):34-44.

区域府际竞合政策选择以及国家计划与共建机制协调四个方面。[1]垂直型的科技合作具有主体上的多中心、对象上的准公共属性以及网络化特征——"垂直省部、水平跨域、公私合作"的科技治理网络是主要结构。[2]经过制度学习与路径整合，应走向府际网络科技治理。[3]会商制度是实现府际网络科技治理的内在要素。

总体来讲，科技治理源于科技管理，但与科技管理不同的是，科技治理更加注重自下而上的信息反馈、多主体参与以及多中心管理协调。而创新治理则将科技治理的涵盖范围从技术链上游向中下游进一步延展。它涵盖三个主要问题：①创新主体的选择与责任权力配置；②界定创新产品的经济属性，包括知识产权、产品生产、供给与分配制度；③创新过程中的道德风险与争议解决机制。

1.3.3 区域科技合作

"科技全球化"是全球化的重要组成部分。科技全球化表现为技术和创新的跨境发展与合作，相互依赖是科技全球化的重要特征。[4][5]全球化中的区域发展，总体上呈现出大空间、多中心、合作性的特征，技术依赖、资源关联性更加凸显。其中，商业研发发挥着主导作用。《2017年全球创新指数》报告数据显示：全球商业研发成长性（Business R&D Growth）显著高于全球GDP增速和总体研发增速。联合国开发计划署《技术和创新报告2018》指出：跨国公司的研发开支占全球研发开支总额的近一半，占全球企业研发开支（约4500亿美元）的至少2/3。全球研发投入主要集中在信息技术硬件、汽车、药品和生物技术等少数行业。20世纪90年代全球研发经费的主要支出发生在美国和欧盟国家。到了2009年，中国跻身于研发大国行列。2015年中国大陆研发支出已达到4000亿美元，参见表1.1。

国际地区间技术转移和资源流动成为当今开放式创新的重要形式。全球技术转移的70%都发生在跨国公司（MNC）间。直接技术购买是技术贸易的重要途径之一。

[1] 尹红，钟书华.基于科技治理的"省部科技共建"调控[J].广西社会科学，2010(2):135-139.
[2] 曾婧婧，钟书华.省部科技合作：从国家科技管理迈向"国家-区域"科技治理[J].科学学研究，2009(7):1020-1026.
[3] 何为东，钟书华.府际网络科技治理——省部科技会商制度的演进[J].科研管理，2011(10):127-134.
[4] Archibugi D, Michie J. La internacionalización de la tecnología: mito y realidad[J]. Información Comercial Española, 1994(726):23-41.
[5] Archibugi D, Michie J. The Globalization of Technology: A New Taxonomy [J]. Cambridge Journal of Economics, 1995(19):121-140.

世界银行数据显示：20 世纪 60 年代中期全球知识产权支出额为 280 万美元，80 年代中期达 119 亿美元，截至 2017 年已超过 3596 亿美元。信息技术产品贸易在过去 20 年间翻了三番，2016 年达到了 1.6 万亿美元。[①] 世贸组织报告显示：近 20 年间，数字技术（digital technology）的发展改变了世界商品贸易和服务贸易的结构，重新定义了贸易领域的知识产权。在数字经济的贡献下，全球国际贸易成本从 1996 年至 2014 年总额下降了 15%。与此同时，数字经济也促进了全球的区域贸易协定（RTA）数量增加。[②] 同时，技术性人才的跨区流动也带来了全球福利的增加。世界银行发展研究部前主任、经济学家阿兰·温特斯（L. Alan Winters）曾研究指出：发达国家增加相当于其总劳动力数量 3% 的技术和非技术劳动力暂时性劳动力流动配额，估计每年将能够为全球带来超过 1500 亿美元的福利增加。[③]

表 1.1　2015 年研发支出排名　　　　　　　　　亿美元

排名	国家／地区	研发支出	排名	国家／地区	研发支出
1	美国	5029	6	法国	609
2	中国大陆	4088	7	英国	463
3	日本	1701	8	俄罗斯	405
4	德国	1128	9	中国台湾	337
5	韩国	742	10	意大利	301

数据来源：https://stats.oecd.org.

区域科技合作是指在双边或多边不同类型与层次合作机制的基础上，以科技合作协定与计划为依据，由相关区域组织、国家和地区之间所开展的各种形式的科技合作活动。[④] 区域科技合作一般分为三种：一是通过正式和非正式的区域合作组织或合作机制开展；二是在合作项目协定基础上开展科技合作；三是在地区间的政府推动下开展区域科技合作。从两岸科技合作现实看，目前应属于第一种。两岸科技合作是双方在科技领域进行思想、理念、技术、产品和项目等方面的交流、合作以及实质性地互惠往来，其主要形式包括学术会议、参观访问、科技展览以及合作研发等。

① 数据来自世界银行 (The World Bank) 数据库，https://data.worldbank.org/indicator/.
② 数据来自世界贸易组织 (WTO) 报告，World Trade Report 2018，http://www.wto.org.
③ L. Alan Winters. Skilled Labor Mobility in Post-War Europe [M]. In: Bhagwati J and Hanson G(eds.) Skilled Immigration Today. New York: Oxford University Press, 2009: 53-80.
④ 李应博. ECFA 背景下两岸科技合作：新区域主义视角下的研究 [J]. 中国软科学，2013(6):184-192.

近年来，地区间科技合作呈现出多中心、绵密性和高强度的特点。政府间科技合作项目日益增加，例如中美创新对话、中俄创新对话、中巴创新对话、中国—东盟科技伙伴计划、中瑞科技合作联委会、中哈合作委员会科技合作分委会机制等。企业在其区域科技合作中的表现也很活跃，例如华大基因与南非医学研究理事会合作建成非洲首个高通量基因组测序中心。

从新区域主义视角看，通过整合科技人力、关键技术、管理思想和理念以及各种市场要素资源，科技合作为区域合作发展创造了新的"引擎"。随着合作领域和模式的不断变化，科技合作与高技术产业正在形成耦合效应，科技产业合作成为科技合作新的重要内容。区域科技合作同时会伴随着经济资源、文化教育资源和知识的流动创造，非技术性的溢出效应越来越强。

新区域主义强调目标的多元化、合作模式的灵活性和机制设计的自愿性。从科技合作实践看，区域科技合作正在从单纯的科技领域向产业科技和经济领域延伸，科技合作目标从直接的专利产出向科技、经济、产业、社会多维度协调转变。科技合作方式从学术会议、交流访问、委托研发，转向集群式大科学项目、大产业投资和园区合作，参与主体变得更加多元，利益协调性更强，参与方式更加灵活，逐步呈现出灵活、弹性和水平式的治理格局。科技合作机制从干预式的政策工具组合向水平式的、富有创造性的政策工具创新转变。在知识产权、技术研发、地方科技产业项目融资等领域，合作形式不断创新。这本身也是与新区域主义高度契合的，因为新区域主义范式关注的是区域特质，注重系统分析与实地调研，强调发生在一个多极化的区域秩序中治理主体内部的自发的、开放的、独立的实践过程。

当前，全球经贸形势日益严峻，关税减让、投资、竞争政策、服务贸易、环境、劳动力参与方式等议题成为区域发展与协商合作的重点。尤其是在设计结构性改革措施的时候，更需要提高劳动力参与率，鼓励对技能的投资，改善劳动力市场匹配过程，放开对封闭职业的准入，加强产品和服务市场的活力和创新，促进包括研发投资在内的商业投资。在地区发展中，地缘政治、经济地理和现实主义是三个主要因素。此外，区域治理中可能还会产生回弹效应（Bounce-Back effects）。综上，从区域科技合作治理中来寻求上述问题的综合方案是可期的。本书基于区域治理的核心理论，采用历史制度主义和理性选择制度主义的综合视角，来评析两岸科技合作30年的来时路，探寻两岸科技合作的未来。

第 2 章

台湾地区科技与经济、产业的耦合与变迁

经济演化是一个多样性选择的机制变迁过程，这个过程既涵盖了"优胜劣汰"的自然选择，也有通过机制创新来引入新要素的活动。^①从世界范围看，曾经的工业化是以传统福特主义为遵循逻辑的，即以市场为导向，以分工和专业化为基础，以规模化的生产效率和较低价格作为竞争手段。我们熟知的 20 世纪后半叶发生的东亚增长奇迹就具有显著的福特主义特征，规模化、量产和劳动分工催生了全球产业链"雁阵模式"下的亚洲"四小龙"。但是，当前信息、材料和生命科学领域前沿技术在迅速改变和高度细分产业链环节时，经济和社会发展的场景和场域事实上都发生了巨大改变。经济、政治、社会、文化因素相互交织下，福特主义发展逻辑已经不能完全适应今天之需。

台湾地区的经济发展和产业变迁就是复杂的、多维度的历史棱镜。台湾四百年来从荷兰殖民时期到日据时代的整个过程，处在以"交换模式"带动"生产模式"的社会发展形态。^②台湾学者认为，1966 年具有重要的节点意义。这一年，台湾实行了从进口替代到以 OEM（Original Equipment Manufacture）代工为主的出口导向经济策略转型，奠定了台湾经济起飞的基础。台湾地区顺应了全球经济产业变革的趋势。当时欧美国家的跨国企业生产能力开始快速扩张，需要转移效率低的产能，中国台湾恰好可以提供相应的要素资源。1966 年后，台湾地区工业产品开始渐次升级，从

---

① Nelson R R, Winter S G. An Evolutionary Theory of Economic Change[M]. Cambridge: Harvard University Press, 1982.

② 陈介玄. 台湾产业的社会学研究 [M]. 台北：联经出版事业公司，1998.

农产品、石化产业升级到机械、资讯、电子产业，突破了 1966 年以前所受日本和其他发达国家的贸易网络压力，形成了在全球生产网络中的独特位置。[①] 受要素禀赋限制和地理区位影响，1980 年以后当世界范围内产业升级速度加快时，台湾地区制造业也开始向岛外转移，岛内制造业向高端升级；其中依赖于中小企业建立的岛外生产网络体系和岛内合作网络，已经深嵌全球价值链体系。但是，近几年台湾地区经济增速出现持续下滑趋势，民进党"执政"能力不足，"闷经济"一直存在；薪资低、物价高、分配不均等问题也成为台湾经济的症结。

2.1   台湾地区经济发展转型的机制

2.1.1   要素禀赋对台湾地区经济的影响

谁创造了台湾地区经济奇迹？巫永平教授研究指出：台湾地区经济发展很大程度上是中小企业创造的，其中最关键的因素是政府、企业和社会共同参与下的市场塑造。[②] 20 世纪 60 年代，台湾地区开始实施出口导向政策。在官方主导和产业政策共同推动下，台湾地区一跃成为亚太地区经济"四小龙"。从 20 世纪 80 年代末开始，全球产业格局和政治格局出现巨大变化，投资全球化和产业全球化趋势增强。台湾通过转移加工制造环节，尤其是推出"两兆双星"计划和产业投资地转移，有效推动了产业经济的不断升级。至今，台湾地区形成了在全球价值链某些环节上的独特优势。目前，台湾的经济形态具有典型的哑铃型结构：产业两端——农业和服务业——留在岛内，制造业外移。从全球价值链看，研发和品牌留在岛内，生产环节大量外移。对于这种经济发展模式，台湾很多人都担心是否会造成产业的空心化，从而削弱了经济竞争力。对这个问题的回应，存在着"是"或"不是"两种完全不同的答案。

赫克歇尔 - 俄林（Heckscher-Ohlin）在 1933 年提出"要素禀赋"这一概念时，是基于贸易理论讨论土地、劳动力和资本对两国贸易的影响。要素禀赋包括自然资

---

① 刘进庆. 台湾战后经济分析 [M]. 台北：人间出版社，1992.
② 巫永平. 谁创造的经济奇迹 [M]. 北京：生活·读书·新知三联书店，2017.

源禀赋 [1][2] 和社会资源禀赋（劳动力、资本、技术、区域政策、市场化条件）[3]。当前，学者们普遍认为，要素禀赋结构变化是产业升级和经济发展的动力 [4]，也是影响社会经济发展的必要条件。一方面，要素禀赋决定着产业结构的选择、发展路径和转变方式；另一方面，产业对某种要素的依赖程度和敏感程度，反映了产业的国民经济地位、产业内部结构、发展阶段和关键问题。如劳动力作为要素禀赋，包括了成熟技术工人和高技术管理人才（科学家、工程师和企业家），其总量、结构和质量的分布情况，可以充分透射出经济竞争力的现况和潜力。美国德勤公司与美国竞争力委员会共同发布的《2013 全球制造业竞争力指数》报告指出：影响国家制造业竞争能力的首要关键驱动因素是人力驱动的创新，其中包括科学家、研究人员、工程师以及技术工人的素质与可得性。要素禀赋与区位相关联，例如，教育和培训体系就曾被认为是东亚经济增长和工业化的重要因素。[5][6] 杜能（Thünen）的农业区位论和韦伯（Webber）的工业区位论，从理论上阐释了生产条件对产业区位的影响。克里斯塔勒（Christaller）强调在特定地理区位上建立产业中心，建立能维持供应周边地区资源消费的最低购买力和服务水平的需求门槛，从而实现中心区与服务区之间的最有效的全覆盖产业发展模式。克鲁格曼（Krugman，1991）研究了产业区位选择的空间影响因素 [7]；波特（Porter，1998）认为空间上的接近性（proximity）能够促进创新创业企业间以及供应商与顾客间的快速信息交流，同时降低交易成本 [8]。特定区域的经济绩效不仅与地区治理结构相关，更与其知识禀赋是否有助于知识创造扩散密切相关。[9]

---

① 郑义，秦炳涛.政治制度、资源禀赋与经济增长——来自全球 85 个主要国家的经验 [J].世界经济研究，2016(4):66-77.

② Gylfason T, Zoega G. Natural Resources and Economic Growth: the Role of Investment[J]. The World Economy, 2016(29): 1091-1115.

③ 蒋为，黄玖立.国际生产分割、要素禀赋与劳动收入份额：理论与经验研究 [J].世界经济，2014(5): 28-29.

④ 苏杭，郑磊，牟逸飞.要素禀赋与中国制造业产业升级——基于 WIOD 和中国工业企业数据库的分析 [J].管理世界，2017(4):70-79.

⑤ David Ashton, Francis Green, Donna James, Johnny Sung. Education and Training for development in East Asia: The Political Economy of Skill Formation in East Asia Newly Industrialized Economies[M]. Lonon: Routledge, 1999.

⑥ World Bank. The East Asian Miracle: Economic Growth and Public Policy[M]. Oxford: Oxford University Press, 1993.

⑦ Krugman, P. Increasing Returns and Economic Geography[J]. Journal of Political Economy, 1991(3):483-499.

⑧ Porter, M. Clusters and the new Economy of Competition[J]. Harvard Business Review, 1998(6): 77-90.

⑨ Asheim B. Differentiated Knowledge and Varieties of Regional Innovation Systems[J]. Innovation, 2007(3):223-241.

　　回应区域经济增长绩效的理论分析有多种。对禀赋的研究更倾向于非常经典的演化经济学中的自然选择学派（如 Alchain, 1950[1]；Friedman, 1953[2]；Winter，1964[3]）。但在新制度主义看来，经济增长的决定因素就是制度本身（North，1990）[4]。有要素禀赋，还要有制度创新，经济才有可能实现增长。经济变迁存在三种可能的机制：合理化、超适应和宏观选择（Gowdy, 1992）[5]。

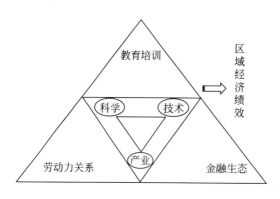

图 2.1　地区经济发展的 STI（科学、技术、产业）创新体系

STI 框架（Social System of Innovation and Production）（参见图 2.1）对台湾地区科技、产业与经济协同演化的制度分析具有一定的解释力。[6] 科学（science）、技术（technology）和产业（industry）是经济—技术视角的三要素，教育培训（education and trainning）、劳动力关系（labor relations）和金融生态（financial and banking system）是社会—技术视角的三要素。同时，教育培训和劳动力关系共同推动科学发展；教育培训和金融生态催生了技术革新；劳动力关系与金融生态决定了产业发展水平。上述因素彼此相互耦合从而作用于区域经济。这个分析框架的突出特点是将区域经济中看似复杂的因素抽象成为六类要素禀赋，从而识别出影响区域经济的关键因素。

---

① Alchain A A. Uncertainty, Evolution and Economic Theory[J]. Journal of Political Economy, 1950(58):211-222.

② Friedman M. The Methodology of Positive Economies[M]. In: Essays in Positice Economics, Chicago: University of Chicago Press, 1953.

③ Winter S. Economic Natural Selection and the Theory of the Firm[J]. Yale Economic Essays, 1964(4): 225-272.

④ North D. Institutions, Institutional Change and Economic Performance[M]. Cambridge: Cambridge University Press, 1990.

⑤ Gowdy J. Higher Selection Processes in Evolutionary Economic Change[J]. Evolutionalry economics, 1992(2): 1-16.

⑥ Bruno Amable, Pascal Petit. The Diversity of Social Systems of Innovation and Production During the 1990s[M]. In: Jean-Philippe Touffut (ed.), Institutions, Innovation and Growth, chapter 8, Edward Elgar Publishing, 2001.

在台湾地区早期经济转型中，教育培训、劳动力关系和金融生态三类社会—技术类的要素禀赋相互作用，促进了台湾 STI 体系的形成。从劳动力市场看，台湾自 1981 年以来，名义薪资水平呈现出整体增长的趋势，平均薪资在 2000 年后呈现下降趋势；劳动所得份额于 1990 年达到 51.74% 的高点值（台湾"行政院"[①] 主计处数据）。从教育培训体系看，台湾在 20 世纪 60 年代中后期对教育的重视程度不断提高；教育支出占公共支出的比例呈现出显著增加趋势，且高于社会福利支出。1994 年之前台湾教育支出占公共财政支出比超过 20%。通过教育投入，台湾的经济发展和社会福利均有比较明显的跃升（台湾地区"财政部门"统计资料）。台湾地区的 GDP 平均增长率达到 10% 以上，基尼系数在 20 世纪 80 年代中后期之前一直维持在 0.3 以下的水平。从金融生态看，台湾地区金融与产业升级关联紧密。20 世纪 80 年代，台湾开始金融自由化改革。到 2000 年之前，台湾金融自由化程度明显提高，在开放金融市场、增加资金流动性方面发挥了一定作用。当然，物极必反的情况也随之而来。金融自由化过度导致了资产恶化、金融风险增加等一系列问题。[②] 2008 年全球金融危机后，台湾地区的痛苦指数（失业率和消费者物价上涨率之和）也一路飙升至亚洲"四小龙"之首。[③] 总体上看，台湾曾经的经济竞争力受益于产业驱动，产业竞争力又得益于世界政治地理和经济地理双重因素耦合，基于此，台湾当局采取出口导向政策和科技政策来推动岛内企业转型升级。在这个过程中，很多企业培育出了自己较强的模组化能力，从而提高了生产效率。

从新制度主义视角看，台湾地区经济的演进路径可用图 2.2 来显示。在 20 世纪 50 年代到 60 年代中期，自然资源禀赋在台湾经济发展中起到了主要作用。实施进口替代策略、恢复农业生产（如稻米、蔗糖）、实行农业土地和税收改革是台湾当局经济政策的重心。进入 20 世纪 60 年代中期，全世界产业格局进入快速变迁时期，欧美发达国家需要为本国产业升级腾出空间，传统产业的大量资源也需要找到转移出口。台湾地区抓住这一时间节点打开了经济转型升级的"机会之窗"。从这一时期开始，台湾当局开始采取出口导向政策，推动工业生产，加强工业技术改造，推动了产业升级，实现了经济起飞。工业生产自 1965 年后的十年间，维持了 15% 以上

[①] 本书中，对我国台湾地区相关管理部门的称谓，是台湾地区自己的表述，因此在管理部门的名称上均加上了双引号。

[②] 朱兴婷，邓利娟，杨林波 .1980—2016 年台湾金融改革分析：总结与借鉴 [J]. 亚太经济，2018(5):137-152.

[③] 数据来自《2013 年台湾金融证券年鉴》。

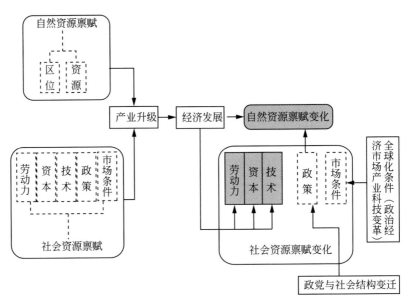

图 2.2　台湾地区经济发展传导机制

的增速。但好景不长，进入 1980 年后，全球能源危机爆发，世界各国纷纷采取贸易保护主义措施，设置关税壁垒和非关税壁垒，加强进口限制来避免殃及自身。台湾地区此时的出口导向型政策已经不再是经济发展的灵丹妙药。1978 年台湾当局召开"科学技术大会"，确立了科技政策导向下的经济转型策略。1980 年开始，台湾当局在酝酿建立"科学园区"许久后，正式建立了新竹科学工业园区。此后，"新竹园区"渐渐成为台湾地区科技创新的代名词，成为台湾科技产业发展的源头。20 世纪 80 年代中后期，台湾地区开始从"威权"向"民主化"和"本土化"转型，岛内政治力量对比发生了急剧变化。此时台湾地区已经成为亚洲"四小龙"之一，台湾当局希望通过民主化改革来保持经济奇迹。在全球产业、科技、市场的各类创新要素快速流动过程中，有些特定行业开始高度关联于全球生产网络和价值链，这也促使台湾地区在某些科技产业的价值链环节形成了较强的竞争力。但是，当世界经济处在震荡期和低迷阶段时，台湾地区这种外向型经济和产业体系就出现了明显的脆弱性。

台湾地区有研究者指出：1985 年之后，台湾地区进入全球化时代，从而促使台湾经济结构开始转型。[1]台湾地区希望通过教育政策工具来改善劳动力市场，以此来

---

[1]　吕建德.从福利国家到竞争式国家：全球化与福利国家的危机［J］.台湾社会学，2001(2)：9.

塑造知识经济时代的竞争力。不过这种方法并未取得明显成效，台湾青年失业率在
20 世纪 90 年代呈现显著上升趋势。

来看具体指标。近些年台湾地区 GDP 的增速在降低，失业率维持在较高水平，
储蓄率在上升，投资率在下降。这些指标都说明台湾地区近些年来外部经济环境和
岛内经济形势均处在收紧状态。表 2.1 提供了 1951 年后台湾地区经济发展指标变化
情况。面对全球市场竞争和产业科技的快速更迭，推动产业创新转型是增强产业竞
争力的必要手段。从 1960 年开始的产业结构转型，在积累台湾地区的综合创新能力
方面发挥了重要作用。当前，台湾地区在大力推动开放创新、强化民生科技、提高
研发投入力度、创设知识产权基础设施平台等，如何兼顾环境生态约束，并且加快
实现产业结构智慧化和网络化的转型，对台湾地区来讲都是巨大考验。

表 2.1　台湾地区经济指标平均成长率（1951—2017）　　　　　%

时间轴	实际 GDP	人口	人均 GNP	资本形成	工业生产	出口	消费物价指数	福利支出
1951—1960	8.1	3.6	4.5	14.1	11.9	22.1	9.8	4.06
1961—1970	9.7	3.1	6.8	15.4	16.5	26.0	3.4	1.91
1971—1980	9.8	2.0	7.7	13.9	13.8	29.5	11.1	6.12
1981—1990	7.6	1.4	6.8	7.3	6.2	10.0	3.1	2.37
1991—2000	6.3	0.9	5.3	7.5	5.1	10.0	2.6	−0.02
2001—2009	3.2	0.4	2.9	−2.4	2.7	4.3	0.9	4.06
2010—2017	0.18	0.02	0.22	0.07	−0.05	0.10	0.22	0.36

资料来源：根据台湾"2017 年统计年鉴"计算得出。

再看岛内形势。台湾"2020 选举"结果使得蔡英文实现"连任"。综合外界分析
结果，蔡英文炒作两岸议题，抛出"维持现状"的模糊策略，强行推动"反渗透法"
来恫吓诱导台湾的"首投族"投给自己选票；加之国民党自身存在的体制性问题和选
举策略性失误，成为出现这个结果的关键因素。但是，2020 年后，经济发展和民生
福祉仍是台湾当局必须给台湾民众正面回答的两个主要议题。

当前，台湾地区面临要素禀赋结构的急剧变化。"五缺"（缺电、缺水、缺地、
缺工、缺才）日渐成为岛内当前经济的制约因素。图 2.2 显示的台湾地区经济变迁是
一个循环累积的结果。"缺电"严重影响了岛内制造业，尤其是制造型企业的生产效
率。能源结构不转型，如何实现经济转型？台积电前董事长张忠谋曾表示，台积电

的晶圆流水线必须 24 小时运转，停电 1 秒钟就会造成重大损失。目前，台湾的电力主要来自火电，约占供电总量的 85%，工业用电占售电量的 70.5%。对核电使用的限制造成了火电负担过重。"缺水"主要是台湾地区管理不善，资源配置能力较低所致。台湾的工业用水和生活用水都在逐年增加，2016 年工业用水达到 16.29 亿立方米，但仅占到总用水量的 9.8%，其余大部分用水都在农业和生活用水上。"缺地"则一向是台湾地区产业发展的掣肘。台湾地域本来就很狭窄，加之工业用地使用管理存在漏洞，工业区土地使用面积逐年缩减。"缺才"和"缺工"的原因之一是台湾的薪资水平已经失去了往日的竞争力。台湾地区 2017 年员工流失率较高的行业为营造业、批发零售、住宿餐饮、支援服务业和休闲服务业。台湾地区近几年制定了"一例一休"的劳动基准政策，但老龄化和少子化严重，加之对外部人才引进的措施并不开放，造成了岛内劳动力短缺。《2018 年全球重要暨新兴市场贸易环境与发展潜力调查报告》（台北市进出口商业同业公会）显示：台湾地区贸易竞争力连续 6 年下滑，2018 年更首度由 A 级贸易地区降级为 B 级贸易地区。

曾以外向型经济为主打牌的台湾经济，其发展的动能被显著削弱。当前，中美贸易摩擦带来的后续影响不断扩散，产生了涟漪效应，全球要素禀赋在国家间的分布结构都在发生迁移。台湾地区的外向经济模式，是经济贸易的"外向"，并非科技创新的"外向"。岛内产业投资动能不足，人力资本和劳动力缺口较大，产业附加值率低（尤其是制造业，除半导体产业外，其他制造业产业多数为低附加值和低资本支出）。台湾工业技术研究院产业经济与趋势研究中心（IEK）发布的《2017 年制造业景气报告》显示：2017 年台湾地区制造业产值成长率为 4.04%。预测 2018 年笔记本电脑、平板电脑、液晶电视、智能手机等主要电子产品应用市场比较旺盛。从产业附加值和资本支出情况看，2015 年台湾地区制造业产业平均的资本支出效率在 9.7%，产业附加值率平均在 28.3%。其中，智慧自动化、中小型显示器和医疗器械三个行业领域的产业效能最好。LED 和 IC 测试以及记忆体三个行业产业附加值率高于平均水平，但资本支出比率较大。而大型显示器、光电、工业机器人、石油化工、手机和工具机 [①] 行业产业附加值率则低于产业平均水平。

---

① 即机床。

2.1.2　当前台湾地区经济发展的外部因素影响

从当前全球经济形势看，保护主义风险急剧上升。台湾地区产业发展面临着内部转型和全球生产网络变化的双重压力。曾经，中国台湾制造业与美国制造业的关联程度较高，双方在全球价值链上存在上下游垂直整合关系。台湾地区很多制造大厂，如 HTC，都是美国跨国公司 OEM（代工）领域的合作者。台湾中华经济研究院分析报告显示：美国采取的制造业回流趋势将拉动台湾制造业对美国的生产供应，但是对台湾电脑及电子类产品与化学产品制造业将产生巨大冲击。2006 年以前美国在中国台湾直接投资的重点产业是制造业和金融业，两个行业占比达到美国在台投资总额的 80% 以上。但是，后续年份中美国在中国台湾的金融业投资占比逐年下降，从 2006 年的 54.99% 下降到 2015 年的 9.6%；批发贸易业占比则从 2006 年的 9.43% 上升至 2015 年的 22.64%；制造业占比从 2006 年的 27.1% 上升至 2015 年的 36.29%。从这一结构变化可以发现：中国台湾在美国全球价值链上的分工角色发生了明显变化，美国将中国台湾作为亚太地区制造业 OEM 与批发贸易节点的意图更为明显。参见图 2.3。

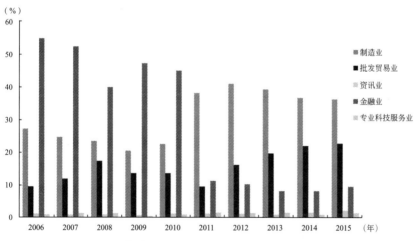

图 2.3　美国在中国台湾的产业投资分布（见文后彩图）
数据来源：根据台湾中华经济研究院 WTO 研究中心资料整理。

近些年来，进入全球生产网络（GPN）成为推动地区产业转型升级与地区间产业合作的重要途径。是否有效地嵌入全球生产网络，已经成为判断一个行业是否具有全球竞争力的重要标准。[①] 各国贸易政策改善、FDI（国际直接投资）和技术进步是进入 GPN 的关键因素。[②] 世界范围内生产者服务业的飞速发展，以及技术创新所引起的联结各个生产模块的服务链成本的下降，也是 GPN 形成的原因。[③]

2018 年年初，美国单方面开始对中国提高进口国关税。这种做法严重扰乱了国际间正常的贸易秩序，也使很多以美国跨国公司为主的其他国家和地区的企业必须承担贸易链到产业链的传导效应，产业链条碎片化的脆弱性和断裂风险显著增加。台湾地区全球价值链参与程度高达 67.6%，且附加价值出口到美国所占 GDP 的比重高于韩国和大陆地区。台湾地区企业在全球生产网络变化期，也必将受其显著影响。台湾产业的"OEM"模式在当前全球产业格局重新洗牌的过程中，面临的最大挑战是全球性的跨国企业在培育自己能够掌控的产业价值链中在逐步将台湾地区"挤出" GPN。而且，代工由于缺少产业链的整体性，核心关键基础性技术无法获取，导致了"可替代性风险"。

2.2 两岸经济交流合作对台湾地区经济发展的推动作用

2.2.1 两岸经贸往来

自 1978 年我国实施改革开放以来，两岸开始了贸易往来。1978 年大陆对台湾出口 0.5 亿美元。1979 年大陆对台出口 0.6 亿美元，台湾自大陆进口 0.2 亿美元。之后，两岸投资额逐年增加。国家商务部数据显示，两岸贸易额从 1989 年的 34.8 亿美元增长为 2018 年的 2262.5 亿美元。2018 年，大陆与台湾贸易额为 2262.5 亿美元，同比上升 13.2%。其中，大陆对台湾出口 486.47 亿美元，同比上升 10.6%；自台湾进口 1775.98 亿美元，同比上升 13.9%。台湾对大陆贸易顺差达到 1289.51 亿美元。参见图 2.4。台湾是大陆第五大贸易伙伴和第三大进口来源地。大陆是台湾最大的贸

① Humphrey J，Schmitz H. How Does Insertion in Global Value Chains Affect Upgrading in Industrial Clusters?[J]. Regional Studies, 2002(9):1017-1027.
② United Nations Conference on Trade and Development. World Investment Report 2013[R]. Geneva: UNTCAD,2013.
③ Jones R W, Kierzkowski H. Horizontal Aspects of Vertical Fragmentation[M]. Global Production and Trade in East Asia. New York: Springer US, 2001:33-51.

易伙伴和贸易顺差来源地。这为台湾地区经济总体增长提供了广大的市场空间。同时，从两岸商品贸易结构看，机电产品、化工产品、贱金属、塑料橡胶、光学、钟表、医疗器械等是主要商品。图 2.5 提供了 2018 年两岸商品贸易中排名前几位的商品进出口额。两岸商品贸易结构能够体现台湾地区的相关产业的出口比较优势。30多年来台湾对大陆出口而形成的贸易顺差对台湾经济的发展起到了至关重要的作用。2000 年后，贸易顺差平均年增长率达到 12.8%，从 2000 年的 204.5 亿美元增加到2018 年的 1289.5 亿美元。

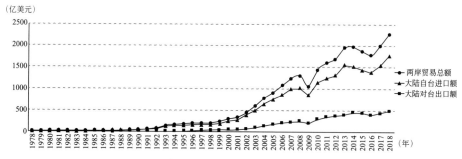

图 2.4　两岸贸易额变化趋势（1978—2018）

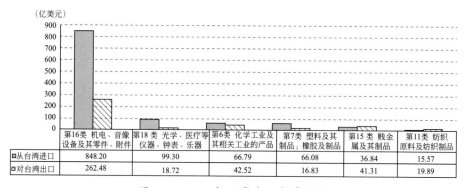

图 2.5　2018 年两岸产品贸易结构

	第16类 机电、音像设备及其零件、附件	第18类 光学、医疗等仪器、钟表、乐器	第6类 化学工业及其相关工业的产品	第7类 塑料及其制品；橡胶及制品	第15类 贱金属及其制品	第11类 纺织原料及纺织制品
从台湾进口	848.20	99.30	66.79	66.08	36.84	15.57
对台湾出口	262.48	18.72	42.52	16.83	41.31	19.89

2010 年 6 月 29 日，两岸正式签署了《海峡两岸经济合作框架协议》（简称ECFA），标志着两岸经济关系至此进入了一个新时期。ECFA 的签署为深化两岸经济交流、促进双方经贸往来、提升两岸人民福祉提供了创新型的制度安排。ECFA 早期收获清单包括台湾 72 项出口到大陆的货品与大陆 67 项出口到台湾的货品。国家商务部数据显示：截至 2018 年，大陆对台减税项目已经达到 539 项，包括石化、纺织、机械等台湾地区需要的产品；台湾对大陆开放 267 项，农产品尚未开放。台湾"海

关"统计，2011 年前 4 个月台湾出口到大陆货品中属于 ECFA 早期收获清单中的货品出口增长幅度达到了 30.5%，远超过其总体出口增长率 17.4% 的水平。ECFA 执行后，台湾出口大陆的免税商品自 2011 年 179.9 亿美元增长到 2018 年的 236.3 亿美元，年均增长率为 3.5%，超过台湾对大陆出口年均 1.6% 的增长率。"早收清单"实施至 2019 年 7 月底累计为台湾企业节省关税额 68.9 亿美元，尤其是近几年，每年节省关税金额均达 10 亿美元以上。从 2010 年到 2018 年，台湾农渔产品对大陆出口增长 1.61 倍，其中早收清单农渔产品增长 2 倍，非早收清单农渔产品增长 1.37 倍；ECFA 对带动台湾农渔产品出口大陆的效益明显。大陆市场为台湾产品提供了广阔的市场空间。应当说，台湾地区经济近些年来的发展显著受益于 ECFA 的经济效应。

2.2.2 两岸产业合作

（1）台湾地区对大陆地区的投资

国务院台湾事务办公室数据显示：大陆台资项目从 1989 年的 539 个增长为 2018 年的 4911 个，累计项目数达到 107 190 个。实际利用台资从 1989 年的 1.6 亿美元上升至 2018 年的 13.9 亿美元，1989—2018 年累计实际利用额为 677.4 亿美元。合作领域包括农业、食品加工、服装等劳动密集型产业，以及家电制造、运输装备、信息制造等技术密集型和资本密集型的产业。其中，电脑、电子产品、光学制品以及电子零组件制造业所占比重达到大陆台资总金额的 1/3。台商在大陆的信息硬件产业产值，占大陆台资总产值的近八成。台商在大陆投资的地区也发生了明显变化，从最初的珠三角，后至长三角，到现在的环渤海、西部城市和东北地区，台商足迹遍及大江南北，全方位布局态势基本形成。

台资企业对大陆的投资与台湾产业结构密切相关。台湾"经济部"投资审议委员会数据显示：近些年来，两岸双向投资中产业结构维持在 73% 的制造业比例和 27% 的服务业比例。参见图 2.6。

在制造业和服务业内部，领域分布也发生了变化。从制造业内部结构看，电脑与光学制品投资已经超过电子零组件业成为台湾对大陆的第一大投资领域。光学制品和电力设备投资所占份额也较大。参见图 2.7。

从服务业投资的内部结构看，2012 年达到峰值，之后各行业都呈现下滑趋势。其中：批发零售所占比重最大，其他行业投资优势并不明显。参见图 2.8。

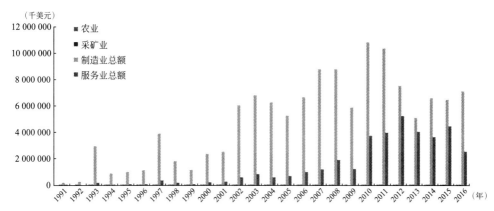

图 2.6　台湾核准对大陆投资的总体产业分布（1991—2016）（见文后彩图）

数据来源：台湾"经济部"投审会。

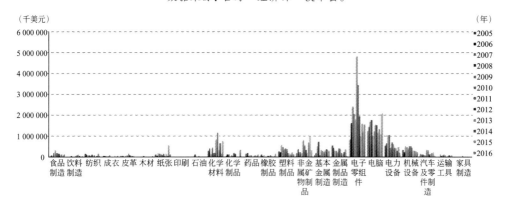

图 2.7　台湾核准对大陆的制造业投资的行业分布（2005—2016）（见文后彩图）

数据来源：台湾"经济部"投审会。

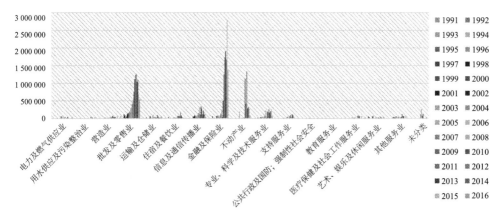

图 2.8　台湾核准对大陆的服务业投资行业分布（1991—2016）（见文后彩图）

数据来源：台湾"经济部"投审会。

　　近年来台湾对大陆投资金额占其对外投资总量的30%以上。从趋势看，对大陆投资总量的变化是先增加，2010年出现峰值点，随后开始下降。参见图2.9。

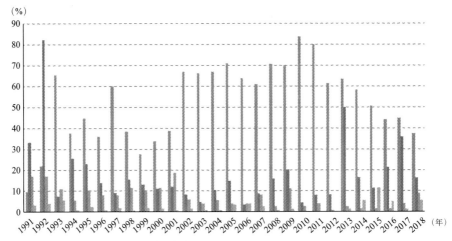

　　图2.9　台湾地区对外投资地区分布（见文后彩图）
数据来源：台湾"经济部"投审会。

（2）大陆地区对台湾地区的投资（"陆资入岛"）

　　1979—2000年，台湾方面一直严格禁止大陆企业在台湾直接投资。2000年，两岸实现了"小三通"。2001年后，台湾开始为大陆企业入岛投资陆续松绑。但是在"陈水扁时期"，民进党对大陆的"积极管理，有效开放"政策严重限制了陆资入岛进程。2008年年底，两岸开启"大三通"①。2009年4月，大陆海峡两岸关系协会和台湾海峡交流基金会，在经过第三次磋商之后签署协议，正式启动实施了陆资入台投资计划，标志着两岸开始从仅有大陆台资到双方互为投资的一个新阶段。2009年6月30日，"陆资入岛"计划在两岸共同推动下开始实施。台湾地区宣布开放陆资赴台，首批开放项目192个，两岸实现了各种生产要素流动的双向投资格局。2010年5月20日，台湾又开放了银行、证券、期货等12个项目。2011年1月1日、3月2日，配合《海峡两岸经济合作框架协议》（ECFA）的服务业早收清单上路，台湾相继开放了43个

---

① "大三通"是实现海峡两岸直接"通邮、通航、通商"的简称。"小三通"是指台湾地区居民在大陆沿海指定口岸（福建、广东、江苏、山东、上海）依照有关规定进行的货物交易。

项目。"陆资入岛"不仅是两岸双向投资的一个主要措施，也是推动两岸经济要素流动、商贸文化交流融合的重要渠道。

"陆资入岛"投资核准的项目数量和投资金额近些年来有增加趋势，但增速不尽如人意。台湾"经济部"投审会数据显示：2009 年 6 月 30 日至 12 月 31 日，共核准"陆资入岛"投资件数 23 件，投资金额 0.38 亿美元左右。年度投资金额参见图 2.10。国家商务部数据显示：截至 2018 年 12 月，经商务部批准，大陆已有 444 家非金融企业赴台设立了公司或代表机构，备案金额 25.69 亿美元，领域涵盖批发零售、通信、餐饮、塑胶制品、旅游等多个行业。从"陆资入岛"情况看，制造业行业居多，但服务业所占比重较大，尤其是批发零售业和银行业。电子零组件和机械设备制造业也是优势投资领域。上述情况反映了两岸在产业要素禀赋方面的比较优势。两岸产业分工主要以要素比较优势形成上下游价值链结构。从自然资源要素看，台资是以大陆较低价格的资源要素（如土地、水、电、气）和较低价格的社会要素（劳动力、市场条件）以及便利化的制度要素（FDI 政策等）来换取综合成本优势和市场优势。在两岸制造业分工上，台湾在通信、电脑、面板、石化、工具机、电子零组件等产品方面对大陆的出口相关系数从 2012 年开始出现后向关联，而在 IC 产业方面与大陆维持正相关。这种情况说明：两岸基于贸易的产业分工效果日趋弱化，台湾在大陆的传统制造业投资优势减弱。参见图 2.11。

近年来，大陆经济结构调整和产业创新速度加快，要素价格随之上涨，供给结构也在发生变化。台湾自身在要素禀赋上本来就出现了存量减少、增强不足的情况，

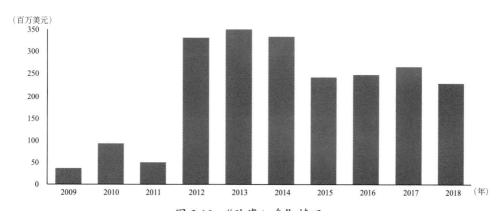

图 2.10 "陆资入岛"情况

数据来源：台湾"经济部"投审会。

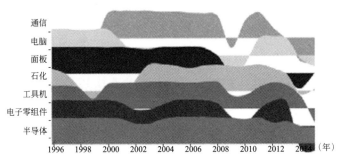

图 2.11 两岸制造业分工中行业关联度的变化（见文后彩图）

注：前向关联度意为正向带动型；后向关联度意为负向关联。

资料来源：台湾"贸易局"资料库数据及 IEK 分析报告。

加之岛内政治和制度安排在产业发展上近年来明显"力道不足"，两岸产业如果仍按照比较优势型的传统合作模式已完全不适应形势需要。

（3）两岸产业合作制度安排——"搭桥计划"

自 2008 年以来，两岸产业界在共同努力下，推动了产业合作平台——"搭桥计划"的制定和实施。

"搭桥计划"先后推动了中草药、LED 照明、通信、资讯服务、车载电子、太阳能光电、风能、物流、精密机械、食品、生物医药、数位内容、纺织和电子废弃物回收等行业的合作交流会议，挖掘了合作潜力和市场机会，促进了两岸产业界的互相理解和经验分享。台湾"经济部"搭桥专案办公室自己总结了六种"搭桥"模式：一是建立两岸产、官、学、研等机构参与的产业联盟，合作网络和直接对话机制；二是为大陆台商在最短时间内与大陆相关部门交流、反映诉求提供渠道；三是为两岸龙头企业直接提供合作平台；四是帮助台商融入大陆产业链体系，从下游市场端向中上游转移；五是推动两岸检测认证一致性，参与国际标准组织；六是突破两岸产业共通标准障碍，建立共识。截至 2016 年民进党"上台"前，搭桥会议共举办了 69 场，范围涵盖信息通信、电子商务、生物技术与医疗器材等 20 个产业项目；促成将近两千家企业的合作洽谈机会，并签署合作意向书共 359 份。

2.3 台湾地区产业变迁与科技驱动

当前，以互联网产业化、工业智能化、工业一体化为代表，以人工智能、清洁能源、无人控制技术、量子信息技术、虚拟现实以及生物技术为主的第四次工业革命开始引领全球产业范式变革。[①] 全球经济发展到当下阶段，诸多国家和地区已经步入工业化时期，创意、工艺、工程、创新以及商业模式的变革成为产业长期竞争力的主要动力。台湾地区产业变迁背后的主要原因是采取税收激励政策、建立工业技术研究院来推动科技成果转化（台湾地区称其为"产业育成"）。台湾地区科技产业中的研发投入比例较高、研发制造关联度强、产学研合作紧密、知识和专利对经济的贡献度高等创新生态特征，成为创新能力的核心表现。2013 年研发总投入已超过260 亿美元，研发强度达到 3%，位列全球各经济体的第八位。[②] 企业研发经费占总体研发经费的 74%，年成长率达到 6%，仅次于大陆地区的 13.8% 和韩国的 7%。知识创造（包括研发和教育）对台湾地区经济成长的贡献率则已经达到 20%。在全球创新指数排名中，2016 年台湾地区排名第 11 位。[③] 台湾地区的产业集群也颇具特色，北部新竹科学园区的资讯电子集群、中部精密机械群落是台湾创新能力的主要体现。

2.3.1 全球产业升级创新的规律特征

从产业雁阵模式[④] 看，全球产业变革的驱动力实际上就是科技创新。技术革命同时也是社会革命。[⑤] 20 世纪后半叶，全球技术变革速度加快。20 世纪 60 年代，发达国家专注于资本密集型产业（如汽车、能源），将劳动密集型产业转移到发展中国家和地区。20 世纪 70 年代，资本密集型产业开始转移到亚太地区，亚洲"四小龙"一跃而起。从 20 世纪 80 年代开始，中国和东盟国家开始在劳动密集型、资本密集型的行业上加速 FDI，从而推动了要素型产业投资和建设。美国、日本和一些欧盟国

[①] Klaus Schwa. The Fourth Industrial Revolution[M]. UK: Penguin Random House, 2016：6-8.

[②] 台湾"国科会"."台湾科学技术白皮书"[M]. 2014: 3-4.

[③] OECD 数据库网站. Main Science and Technology Indicators[OL]. http://stats.oecd.org.

[④] 产业雁阵理论是日本学者赤松要在总结东亚经济体经济起飞阶段通过进口策略来实现本国产业升级的一种实践总结。但是这种模式也受到了学术界的很多质疑，如"资源诅咒""收入陷阱""以市场换技术"等与此相关联的、在发展中国家和落后国家现实经济环境下出现的新问题。

[⑤] Arnold Toynbe. A study of History[M]. New York: Thames and Hudson Ltd. 1972.

家占据了技术密集型产业（如 IT、生物技术、先进制造、新能源）的全球领先位置。
2000 年后，随着信息技术革命和互联网产业化的发展，知识密集型产业（包括数字
经济、信息服务、金融服务、创意产业、科技服务业）成为美国等国家的战略制高
点。发展到 2010 年前后，在全球产业创新能力阶梯方面，美国为第一梯队代表，日
本、欧盟国家为第二梯队成员，新兴经济体进入第三梯队行列（见图 2.12）。2014 年
开始，中国开始实施"走出去"战略，近几年在"一带一路"倡议以及开放式"湾区经济"
模式下，实现新旧动能切换，加快创新驱动发展，促进了中国 OFDI 反向投资到发达
国家。《2014 年度中国对外直接投资统计公报》数据显示：2014 年中国非金融类对外
直接投资中，国有企业占总数的 62.7%，有限责任公司占比为 24.9%，私营企业占比
为 1.7%，股份有限公司占比为 7.6%。中国开始在一些关键战略核心技术领域反向超
越欧盟国家，不仅投资增加，而且在知识产权和国际标准上都形成了核心竞争力。

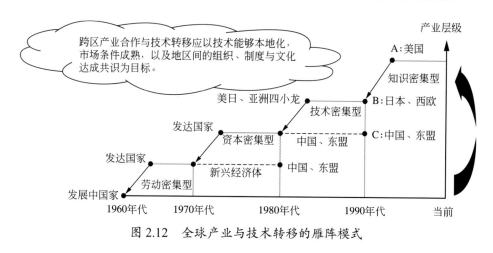

图 2.12　全球产业与技术转移的雁阵模式

　　2008 年全球金融危机后，世界经济格局和全球治理模式发生了深刻变化，国家
和地区间形成了更加错综而微妙的复杂关系。从贸易、投资、产业到环境、卫生、
公共治理等诸多议题，成为双边和多边谈判中的重要内容。产业转移深刻体现着组
织和地区间产业关系的变化，产业转移的高新科技化和服务化趋势逐步明显，发展
中国家与发达国家之间出现了逆向产业转移，国家资本流动代替私人资本流动推动
了产业转移，区际间资源整合步伐也在不断加快。同时，全球跨国资本的产业分工
体系和价值链同样也面临着技术、企业重组、市场以及与既有垄断资本利益矛盾的
严峻挑战。突破关键技术并使之产业化成为很多经济体推动新一轮产业升级创新的
国家型策略方案。

受国际金融危机的广泛影响,世界性产业结构的变动与资源的重新配置又迫使各国在自身产业发展模式和产业支持政策上必须实现突破与创新。因此,调整产业发展方向、促进产业协调发展成为世界各国政府在产业政策制定过程中的首要问题。如英国政府 2010 年 4 月公布的《新工业、新工作》的纲领性文件指出:英国要优先发展海洋风力发电、潮汐发电、民用核电、超低排放汽车研制、可再生建筑材料以及数字产业。2009 年年底,法国宣布建立 200 亿欧元的"战略投资基金",用于能源、汽车、航空和防务等战略企业的投资与入股。日本侧重于商业航天、信息技术、新型汽车、医疗护理和太阳能产业的发展。美国则全面实施新能源与环保产业振兴计划。

受全球制造业服务化趋势影响,服务在制造业企业所提供的产品中逐步占据主导地位,并成为增加值的主要来源;制造业同服务业彼此融合。服务业的全过程化也正加速向现代制造业生产的前期研发、中期设计、融资和后期信息反馈等全过程渗透,生产性服务业逐步壮大,金融、风险投资、物流、设计、制造技术等专业中介服务成为新兴服务业,为制造业发展提供更多服务支持。两者之间日益表现出融合发展的态势。

发展中国家制造业对城市就业的贡献不仅靠制造业本身就业岗位的增加,更主要靠制造业与其他产业的关联和制造业对各种服务的需求所拉动的其他产业和服务业就业岗位的增加。[1] 研究表明:生产性服务业的 FDI 通常都追随制造业的 FDI,如 APS(高级生产性服务业)会与制造业在区位上分离,但技术服务、设计、R&D 则在区位上与制造业集聚。[2]

在制造业"服务化"的趋势下,制造业发展的主要方向是先进制造业。它体现了产业先进性、技术先进性、管理先进性、组织先进性以及制度创新的先进性。同时,服务业在与制造业融合中,其信息化和知识化的趋势也必定催生现代服务业。它是以信息、知识和技能为产业资源配置手段,以创造和提供新型消费模式和消费产品为目标的新型服务业,如金融保险业、信息服务业、计算机技术及软件业、咨询服务业、现代物流业、文化创意产业和各类休闲服务业。因此,制造业与服务业的协调发展意味着先进制造业与现代服务业能够形成产业间的紧密互动关系,形成产业

---

① Park S H. Linkages between Industry and Services and Their Implications for Urban Employment Generation in Developing Countries[J]. Journal of Development Economics, 1989(2):359-379.

② Raff H, Ruhr M. Foreign Direct Investment in Producer Services: Theory and Empirical Evidence, CESifo Working Paper, 2001:598.

集群优势和产业波及效应。促进两个产业协调发展的政策重点在于鼓励产业稀缺资源的合理配置，同时要鼓励产业基础设施的多样化和投资主体的多元化，以及政策工具的综合运用。

2.3.2 台湾地区产业结构转型升级

从全球产业升级创新的规律看，台湾地区的产业进入全球价值链并实现产业升级主要有两个途径。一种是产业通过集群或者价值链方式实现整体性跃迁，从 OEM 发展到 ODM（Original Design Manufature），再将 OEM 外包给其他产业集群。其典型案例之一是台湾地区的电子信息产业发展。另一种是在价值链内部的个体性攀升，如从 OEM 演进到 ODM、DMS（Design Manufacture Service）或者 EMS（Engineering Manufacture Service），同时也包括了从 OEM 或 OEM 与 ODM 相结合演进成 OBM（Own Brand Manufacture）。上述途径是目前台湾地区在寻求的促进产业升级创新、获取潜在发展空间的策略组合。

台湾地区在产业转型和变迁过程中，科学技术驱动创新能力特点突出。以产业发展结构转型为切入点，跨业整合制造业和服务业资源，成为台湾在"制度"与"产业"叠加下的创新能力培育方向。[1]1980 年，台湾建立新竹科学园区发展电子资讯产业；1995 年，提出建立科技岛；2002 年，提出"两兆双星"计划。这些措施从根本上说是科技政策与产业政策叠加耦合的结果，也是通过"政策型市场"的方式实现科技、产业、经济互动。具体来看，产业维度上，服务业重点是强调通过建立产业示范试验地区、培育岛外市场，以及跨产业研发合作、跨部门合作、公共采购和价值链合作，来推动跨业整合、升级和创新。制造业重点是生技医药、智慧制造与电动车、智慧终端、先进材料、信息通信、电子材料、精密机械、绿能产业的技术研发和工程转化。在观光休闲、文化创意、养老产业、电子商务、智慧生活、医疗照护、能源管理、大数据等服务业领域，政策则主要集中在全球市场和全球价值链上。上述策略是全球网络化、智慧化时代产业变革形势所迫，也是台湾经济要素禀赋结构变化的必然结果，制造业人才、科技成果转化能力尤其是其优势所在。台湾企业掌握相关技术后，可以通过模组化能力将制程简化，提高产品的生产效率和品质，从而迅速提高在全

---

① 台湾"经济部"．"2015—2016 年产业技术白皮书"[M]. 2015 年 9 月．

球的市场占有率。① 这种做法曾让台湾地区的资讯电子业在全球价值链上获益。北部新竹科学园区的资讯电子集群、中部精密机械群落都是台湾创新能力的体现。

《2017/2018 全球创业观察》（GEM）报告显示：中国台湾虽然在现有企业率方面有一定优势，但创新创业活力（新生创业率、创立新事业率、早期创新活动指数三项指标）近些年不及中国大陆和韩国等地。通过资金、税收和监理沙盒等政策驱动来营造良好的创业创新环境是台湾地区当前的考量重点。参见图 2.13。

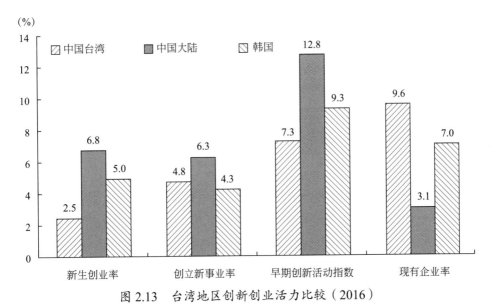

图 2.13　台湾地区创新创业活力比较（2016）

数据来源：2017/2018 Global Entrepreneurship Monitor(GEM), the Global Entrepreneurship Research Association, London Business School, Regents Park, London NW1 4SA, UK.

注释：图中纵坐标百分比（%）表示在 18~64 岁就业人口总数中所占比重。

从近些年台湾地区的宏观经济指标看，在总体经济成长性上仍缺少活力和驱动力，服务业虽然占比较高，但比重出现下降趋势；制造业比重有所上升。从 2006—2015 年台湾地区三次产业结构比例看，制造业产值比例保持在 32% 左右，服务业产值比重约为 65%。台湾地区产业结构总体上维持在服务经济形态。参见图 2.14。

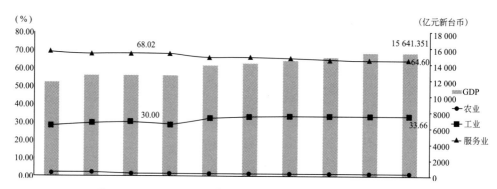

图 2.14　2006—2015 年台湾地区三次产业结构比例特征

数据来源：台湾"行政院"主计总处，"2017 年统计年鉴"，2017 年 9 月。

　　进入 2010 年后，全球金融危机和经济形势震荡，信息技术和人工智能等前沿科技的迅速应用，使台湾产业面临着更多的市场风险和全球价值链重塑的不确定性。台湾传统核心优势的制造业和科技型服务业能否维持一定水准的科技竞争力和市场竞争力水平，还需要进一步观察。

　　从制造业内部结构看，台湾 2006—2016 年的制造业各行业产值均有所变化。电子零组件业仍是台湾制造业的支柱型行业，2016 年产值占制造业总产值的 58%。电脑光学制品和机械设备也是台湾产值比重较大的两个行业。参见图 2.15 和图 2.16。

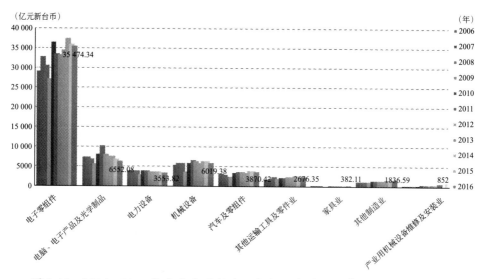

图 2.15　2006—2016 年台湾地区制造业各行业产值变化情况（见文后彩图）

数据来源：台湾"行政院"主计总处，"2017 年统计年鉴"，2017 年 9 月。

服务业结构调整方面，2006 年台湾地区的服务业产值占 GDP 的比例为 49.8%，这一指标在 10 年后提高到了 61.3%。从服务业总体发展来看，运输仓储类物流业、通信业、旅游观光业、金融保险是传统的优势产业。近期兴起的 IoT、跨境电商则是岛内智慧新兴产业的重点领域。从服务业各行业销售额占营利事业销售额比重看，批发零售业销售额所占比例最高。金融保险、运输仓储、信息通信服务业以及不动产和租赁业也是受益行业。参见表 2.2。

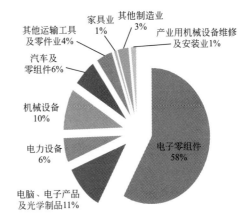

图 2.16　2016 年台湾地区制造业各行业产值比重

数据来源：台湾"行政院"主计总处，"2017 年统计年鉴"，2017 年 9 月。

表 2.2　台湾地区近年来主要服务业各行业销售额占总营业额的比例

%

服务业 ＼ 年份	2008	2009	2010	2011	2012	2013	2014	2015	2016
批发零售	35.13	36.80	36.38	36.54	35.79	35.33	35.31	35.38	35.42
运输仓储	2.83	2.86	2.97	2.80	2.83	2.86	2.84	2.96	3.00
住宿餐饮	0.95	1.10	1.03	1.12	1.23	1.29	1.36	1.50	1.63
信息通信服务业	2.21	2.56	2.35	2.40	2.54	2.62	2.52	2.63	2.77
不动产及租赁	2.27	2.51	2.39	2.18	2.49	2.99	2.83	2.88	2.77
金融保险	8.05	7.19	6.23	6.45	5.88	5.65	5.91	6.15	5.93
专业科技服务业	1.62	1.86	1.77	1.74	1.70	1.71	1.69	1.75	1.85
支援服务业	0.69	0.78	0.81	0.89	0.98	1.02	1.09	1.32	1.41
教育服务业	0.01	0.02	0.02	0.02	0.03	0.03	0.03	0.04	0.04
医疗保健及社会福利服务业	0.01	0.01	0.01	0.01	0.01	0.02	0.02	0.03	0.07
艺术娱乐及休闲服务业	0.19	0.24	0.19	0.19	0.20	0.21	0.20	0.22	0.23

注：根据台湾"行政院"主计总处"营利事业销售额"数据计算得出。

根据非制造业采购经理人（NMI）指数，台湾服务业的景气指数在近几年来呈现出缓慢下降趋势,参见图2.17。从2017年二三季度服务业景气指数看,科技服务业、批发业、金融保险和营造业的景气指数较高。

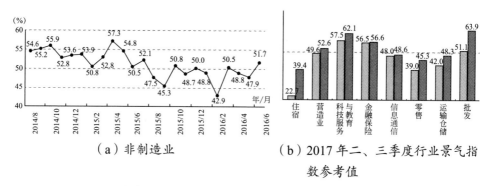

（a）非制造业　　　　　　　（b）2017年二、三季度行业景气指数参考值

图 2.17　近年来台湾地区非制造业采购经理人指数与行业景气指数

资料来源:台湾"国发会"网站,http://index.ndc.gov.tw/n/zh.tw.

台湾服务业的显著特点之一是中小企业占比高。台湾中小企业占企业总数的90%以上,其中服务业的中小企业数占比超过80%。同时,从事批发零售的台湾中小企业占比达到约50%。参见图2.18。

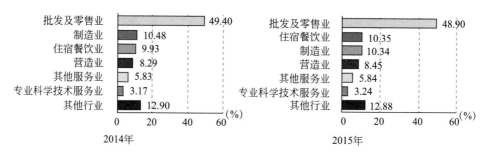

图 2.18　2014—2015年台湾地区中小企业的行业分布

数据来源:台湾"经济部"中小企业处,"台湾中小企业白皮书2016"。

2.3.3　台湾地区科技与产业的耦合

自20世纪60年代开始,台湾出口导向("出口创汇")积累了较大的比较贸易顺差,台湾经济快速发展。进入20世纪80年代,受世界石油危机及新台币升值等因素影响,岛内人力成本上升,投资不足,金融泡沫形成。因此,台湾从1986年开始陆续将劳动密集型产业移至岛外,开始进行科技产业升级。高技术产业产值从

1991 年的 24.81% 增加到 2000 年的 47.38%，高技术产业出口比重在 2000 年时达到
42.33%。①

台湾科技产业的优势在于利用全球科技产业模组化和环节化的机会，快速进入
价值链，形成产业升级和创新网络，但是这种创新是快速跟随式创新，在面临当前
全球产业格局深度调整时，其"OEM"（代工）的跟随式创新模式就很难掌控住价值
链的主动权，被"挤出"市场的风险明显增高。代工是产业的能力"分散化"策略，
是一种小规模的技术优势。由于缺少产业链的整体性，核心关键基础性技术无法获取，
造成自身在市场上被取代的风险增加。加之人工智能（AI）、物联网（IoT）等智慧
型技术在产业链上的应用推广，使得产业链高度细分，且核心能力逐步从实体化向
数据能力转化。因此，岛内传统优势产业转型已势在必行。

当前，台湾地区仍保持传统竞争力的产业和智慧新兴行业包括通信产业、半导
体（IC）产业、精密机械、面板、生物技术、新能源、物流、数字经济等。从产业
生命周期所处阶段可看到各行业发展的基本特征。参见图 2.19。

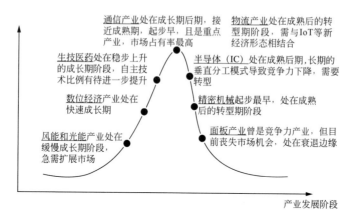

图 2.19　台湾地区典型产业生命周期阶段分布情况

"科技专案"② 是台湾地区支持产业科技创新的一个政策工具。据台湾"经济部"
统计，1992 年科技专案超过 100 亿元新台币，2001 年达到 155 亿元新台币。1979 年，
台湾工业技术研究院（简称工研院）、生物技术中心、金属中心等财团法人研究机构
接受委托开展研发活动。从 1997 年开始，台湾"经济部"技术处开始设立"业界科
技专案"补贴计划，1999 年经费为 11 亿元新台币，2001 年经费为 16.3 亿元新台币。

① 数据来自台湾"经济部"，"2011 年产业技术白皮书"。
② 台湾的"科技专案"实际上就是我们通常所说的科技项目。

研究涵盖电子、资讯、机械、化工、生物技术等领域。在1999—2000年间，共有189家企业获得了补贴，其中研发企业52家，中小企业研发计划109家，示范性资讯应用研发计划28家。补贴采用的是科研机构与企业合作研发，通过产业科技重点领域的规划来推动前瞻研发。台湾中山科学研究院主要研发军工技术，在2000年时联合了台湾汉翔、唐荣、中钢等40多家企业开展研发、制造和维修业务合作。

金属制品制造业是台湾的传统优势产业之一。台湾经济发展从早期20世纪50年代劳动力密集轻工业，到20世纪80年代的策略性工业，在这个过程中金属制品制造业扮演了关键角色。手工具、螺丝螺帽、玩具、工具机都曾是台湾地区的产业名片，但是，20世纪90年代后，电子资讯产业的发展并没有带动金属制品制造业的发展。近年来台湾地区厂商也已经难以和大陆地区厂商所采用的低价格策略竞争。为应对全球资讯电子业以及金属制造业的发展，台湾地区金属制品制造业厂商已将生产重点转移到高附加价值产品上，建立大规模生产流程，朝着高技术水准的材料研发、高附加价值的主流产品开发等方向发展。具体而言，金属模具制造业应改为以资讯、通信、电子等3C产业模具为主，研发重点应以精密模具为主；金属手工具为提升市场竞争，应朝向数位手工具产品、轻便材质的方向发展。受台湾地区"绿建筑"概念所影响，金属结构及建筑组件业技术也在朝向环保、抗震、耐腐蚀等方面发展。①

自2009年3月开始，台湾地区连续推出六大新兴产业规划，将生物科技、观光旅游、绿色能源、医疗照护、精致农业和文化创意六大产业作为台湾地区产业调整和发展的新方向。其原因一方面是为了应对全球金融危机，通过官方投资和引导民间投资来振兴经济；另一方面是希望通过新兴产业来推动台湾地区产业结构优化，改变过去对信息通信（ICT）产业和OEM模式的依赖，提高自己在价值链上的位置。台湾地区六大新兴产业方案中明确提出要与大陆地区合作，如绿色能源产业方案，希望通过"两岸搭桥计划"完善产业价值链，扩大市场，以利全球布局。"2016年台湾年鉴"显示：2008年赴台大陆游客为32.192万人，2012年增加到150万人，占台湾新增游客的70.75%。在医疗照护产业上，台湾地区提出要积极开拓海外侨胞与大陆地区市场。精致农业方案里则提到要拓展"大陆高所得地区的市场"。文化创意产业方案确定大力发展电视剧产业，"抢占大陆电视黄金时段"。当时，台湾六大新

---

① 资料来自台湾"劳动部"网站。

兴产业规划中显示：台湾当局计划 2014 年海外市场销售从 918 亿元上升到 30 162 亿元，其中大陆市场版权销售从 3144 亿元提升到 25 105 亿元，大陆电影市场占有率从 21.3% 上升到 61.9%，音乐产业大陆市场占有率从 11.47% 发展到 71.35%。

台湾地区的科技产业为其科技创新提供了主要的应用场景，同时科技创新也为这些产业的升级转型提供了持续性的驱动力。总体上看，台湾地区科技产业具有较强科技创新能力的领域包括通信产业、半导体产业、生物医药产业、光电产业、风能产业和数字经济。

通信产业是台湾传统优势产业。伴随 AI、IoT 等信息技术的兴起，台湾通信产业也面临着巨大的转型挑战。其中 4G 终端与模组的规模化厂商约有 10~15 家，年营业收入约新台币 200 亿元。XDSL CPE 主要是产品研发制造、关键晶片业务，主要生产地在大陆，约占全球市值的 60%。Cable CPE 产品主要采取的是代工模式，目前台湾地区在该领域占全球市值的比例为约 75%。在 Ethernet Switch 领域的台湾地区厂商主要是以研发制造和组装为主，目前的主要市场在新兴市场国家和地区。台湾地区的手机产业链则从欧美成熟市场向东南亚和新兴市场转移，以中低端产品为主，且结合 VR、机器人、老人照护等应用系统提供服务。

台湾半导体产业的特点是产业链完整，且每个子行业都具有明显的全球竞争力。台湾工研院 IEK 发布的半导体产业年度报告数据显示：台湾半导体的产值总体上处于成熟阶段，连续五年成为全球最大半导体设备市场，2016 年设备销售金额达到 122.3 亿美元，较 2015 年增长了 27%。以东南亚为主的其他地区（80%），以及中国大陆（32%）、中国台湾（27%）、欧洲（12%）与韩国（3%）等地对半导体设备的支出率都呈现增长趋势。①

台湾 IC 产业以垂直分工模式为主，IC 制造是其核心业务单元。作为全球外包型服务设计制造生产基地，记忆体产业是其未来的发展方向。从市场需求看，中国大陆对智慧型手机需求增加以及全球大企业的外包服务需求增加，对台湾地区 IC 企业的成长具有重要的拉力作用。

台湾地区生物医药产业起步早，发展阶段成熟，盈利能力稳步增加。随着全世界对健康和医疗照护的需求日益旺盛，台湾地区生物医药也处在新一轮的成长期，尤其表现在医疗器械的成长性方面。近几年，台湾地区将"亚洲矽谷"、智慧机械、

---

① 台湾工业技术研究院 . 半导体产业年鉴 2017 [M]. 2017.

绿能科技、生技医药和地区安全，以及新农业、循环经济设定为"5+2"的产业范畴。在生技医药领域提出完善生态体系、整合创新网络、链接国际市场、推动特色重点的行动方案，具体包括精准医疗、医疗照护、医疗器械三个子行业。2017 年 1 月，台湾地区通过"生技新药产业发展条例修正案"，加强对医院的评价监管，推动精准医疗、细胞治疗的技术研发。从进出口情况看，台湾地区医疗器械产业主要是进口替代型，医疗器械产品的全球竞争力不强。

台湾光电产业具有两个特点：一是高度依赖外销模式。由于岛内市场小，90% 的光电厂商在外地设厂，且主要集中在产品制造环节。一些具有竞争优势的企业，如新日光、永旺、中美晶等企业在东南亚建立电厂。二是产业竞争力主要是在硅晶电池制造环节，在价值链上采取的是垂直分工模式。2016 年开始，台湾地区为应对美国"二次双反"，电池厂商到海外第三地设立电池厂和模组厂，制造企业移到东南亚。从近几年看，台湾地区光电产业约有 100 家，从业人员 2 万人。研发强度为 1.8% 左右，平均毛利率为 2.2%，原料主要依靠进口。前三大企业产值占比达到 31%，产业集中度较高。下游客户主要以模组和系统集成厂商为主。在中国大陆和东南亚地区投资占总投资的 20%。目前，中国台湾的光电硅晶电池超过了日本，成为第二大生产地，排在大陆之后。①

台湾风力发电起源于 20 世纪 80 年代能源危机。台湾方面委托台湾工研院开发 4W 风力电机。2004 年台湾地区放开私人资本进入风电产业，2005 年进入成长期，主要集中在风力发电零组件开发，包括叶片、铸件和变压器上。部分企业进入风力发电机系统的研发。② 风电产业原料主要依靠岛内供给，顾客以零组件厂商为主，80% 以上的岛外投资集中在大陆。台湾风电企业约有 50 家，平均利润率为 15%，从业人员达到 850 人，前三大企业产值占比 50%，2017 年产值 145 亿元新台币。大型风力发电企业有东元电机、上维、永冠、中钢机械、信邦等，有 20 家企业从事小型风电机研发。2013 年台湾地区公布了"风力发电离岸系统示范奖励办法"，并于 2013 年 1 月公告三家示范企业中标（福海、海洋、台电）。2016 年 10 月台湾地区建立了首座离岸风电示范机组。③

---

① 台湾光电科技工业协进会 .2017 绿能应用产业与技术发展年鉴 [M]. 2016 年 6 月 .

② 台湾"经济部"技术处 . 2020 关键报告 (科技篇) 上 [M]. 台北: 财团法人资讯工业策进会产业情报研究所 (MIC). 2011.

③ 台湾工业技术研究院 . 2017 台湾新兴能源产业年鉴 [M]. 2018 年 8 月 .

2020 年全球 VR 应用市场以游戏与影视等娱乐应用为主，总计金额占比超过了 7 成；2025 年非娱乐应用的占比也大幅度提升。其中，医疗与工程应用的占比最大。台湾自 2015 年成立"台湾创新创业中心""台湾创新快制媒合中心"与台湾矽谷科技基金，在创新创业上投入大量资源。2016 年台湾制定了"亚洲矽谷""物联网促进产业转型升级""创新创业驱动经济成长"三项政策。台湾地区的数字经济总体产值从 2008 年占 GDP 的 17.26% 上升至 2014 年的 20.57%，其中硬件方面从 2008 年的 1.62 兆新台币上升至 2016 年的 2.32 兆新台币，软件方面从 0.65 兆元新台币升至 2016 年的 0.99 兆元新台币。[①]

2.4　台湾地区科技金融中的"监管沙盒"

科技金融是指促进科技开发、成果转化和高新技术产业发展的一系列金融工具、金融制度、金融政策与金融服务的系统性和创新性安排。新兴产业由于技术成熟度和市场成熟度均未知，成长路径也充满不确定性，因此是一个高风险产业，融资需求非常大。科技金融的发展，既是产业发展到一定阶段后对金融的必然需求，又是金融行业本身找到资本转化和应用领域的重要载体。

2.4.1　"监管沙盒"成为全球科技金融创新趋势

"监管沙盒"（Regulatory Sandbox）近年来成为科技金融领域的一个潜力型政策工具，进而受到很多经济体的高度关注。全球率先提出"监管沙盒"的英国 2017 年就已收到 24 件申请案。澳大利亚联邦政府批准了证券和投资委员会（ASIC）成立并管理"监管沙盒"，使处于试验阶段的金融科技公司也能够应对监管风险，从而降低上市的成本和时间。新加坡政府为实现引导和促进科技金融（Fintech）产业持续健康发展，于 2016 年提出了"监管沙盒"制度。2020 年 2 月 10 日，澳大利亚联邦议会审议通过《2019 年财务法修正案》，为澳大利亚金融科技发展提供了更加宽松的监管空间。《2019 年财务法修正案》规定，澳大利亚金融科技监管沙盒时长扩展到

---

① 台湾"经济部"统计处."2016 台湾经济统计年报"[M].2017 年 5 月.

24 个月。2016 年 9 月，中国香港金融管理局宣布，面向香港本地银行推出针对金融科技领域的"监管沙盒"，以鼓励相关机构积极开发新技术。2018 年 6 月，中国人民银行成立了金融科技委员会，出台了互联网金融监管规则和第三方支付、P2P 监管规则。

"监管沙盒"是与科技金融紧密相关的一项制度安排。当前，全球科技金融的主要业务领域已经涵盖了支付清算在内的诸多方式，包括网络和移动支付、数字货币、股权众筹、P2P 网络借贷等，以及大数据、云计算、电子交易、机器人投资顾问、保险分解和联合保险等。这些业务彼此跨界交叉，因此，金融科技的运作模式、技术标准、监管标准和行业标准的选定，需贯穿科技孵化、示范到后期市场化的全过程。相比之下，传统科技金融模式对高风险的科技项目投资存在较多制约。"监管沙盒"恰恰创造的就是这样一种"政策试验"机制，让传统金融机构和初创企业能够在一定范围的"容错空间"里开展金融产品创新试验，形成监管政策的反馈机制。"监管沙盒"为金融新创公司创造了尽可能少的法令限制来扩大容错试验空间，从而最有效地推动新兴技术创新和产业孵化。

在"共享经济"挑战传统商业模式的背景下，经济金融治理机制、贸易投资联动发展、地区间平衡增长都需要在新发展范式下寻求新的思路。金融创新也必须适应市场发展之需。2016 年中国"共享经济"市场规模达 39 450 亿元，增长率为 76.4%。2016 年全国众筹行业共成功筹资 224.78 亿元，是 2015 年全年成功筹资额的 1.97 倍，其中在 2016 年上半年，就已经有 10 家众筹平台完成了融资，总计融资金额约为 31 000 万元。①

"监管沙盒"设立的关键是使金融科技企业在给定的场域中，被赋予法规豁免权，试行金融新产品或服务；金融科技企业也可以与银行合作接受银行委托，或者独立开展金融科技业务。这些金融科技企业被统一列入金融银行监管体系中，必须接受电子支付和 P2P 平台业务等相应规范制度的监管。从最早倡议此项制度设计的英国金融行为监管局（FCA）在 2014 年设立创新项目（Project Innovate）和创新中心（Innovation Hub）开始，金融科技创新领域就出现了"监管沙盒"的概念雏形。在"监管沙盒"测试期间，对持牌或非持牌金融机构以及用户均提供了有限边界的金融试验空间，这既可满足小范围的早期创新创业项目的金融资本需求，又可防范

---

① 国家发展和改革委员会.中国共享经济发展报告 [M].北京：人民出版社，2017 年 2 月.

金融系统对科技创新项目大规模投资的风险。

2.4.2 台湾地区"监管沙盒"实验场

在台湾金融市场上，2014 年开始，国际知名的"共享经济"平台，如 Airbnb、Uber、Sculfort Marina 等开始进入台湾地区。2017 年，共乘平台 Carpo 在台湾地区上线不到一年，共乘数即破万笔，平均每月有超过 250 位会员加入。2012 年 12 月 Carpo 成立，2013 年 3 月正式运营后，建立了可同时通过计算机网站及 App 使用的共乘平台，驾车者发布信息搭载顺路的旅客，乘客也能发布自己的共乘需求信息，不需要将手机、App 账号等个人信息提供给对方，即可获得安全便利的共乘服务。台湾地区组建了多个金融机构组成联盟，共同开发了区块金融链服务。Amis 目前已经与 Fubon Financial、Cathay Financial Holdings、MegaBank、KGI、Taishin、CTBC Bank 六家当地金融机构和台湾工业技术研究院建立了合作伙伴关系。该联盟已经在微软 Azure 区块链即服务平台（BaaS）基础上搭建起面向消费者的点对点支付平台。

但是，"共享经济"在金融领域也存在着很多限制因素。台湾地区当时有关规定明确指出"非银行不得经营收受存款或视为存款的业务"。在短租领域，短期租房被定义为观光旅馆、民宿或旅馆，经营前必须取得登记证。在交通领域，发生交通事故时平台是否提供司机及乘客保障，私家车提供载客服务是否侵害出租车行业等问题尚未解决。在二手物品方面，贩卖二手物品的网络平台是否同样受"消费者保护法"七天鉴定期管制也未有定论。因此，在"共享经济"模式下，推动金融创新已成为台湾地区科技金融发展的迫切需要。

从 2016 年下半年开始，台湾地区高度期待的"监管沙盒"机制修法提案进入"立法院"议程，并展开修"法"工作。台湾地区"监管沙盒"机制主要是参考英国与新加坡的现行制度与精神，包括"银行法""保险法""证券交易法""期货交易法""电子支付机构管理条例""电子票证发行管理条例"以及"证券投资信托及顾问法"的部分都需要修改完善。台湾地区金融规定相对保守，金融科技与新创业发展受限，不少业者透露产品已做好，却因规定未制定清楚而无法上线。2016 年台湾地区"立法"机构民意代表提出共 25 个"监管沙盒"相关"法案"并举办了数场公听会。"行政院"2017 年提出了新版"监管沙盒"，即"金融科技创新实验条例"。台湾地区"金管会"

表示，台湾地区是以专"法"的方式推动，更强调消费者保护，并且可以安全地进行实验。在此列举英国、新加坡和中国台湾的"监管沙盒"政策试验的要点，以示区别，参见表2.3。

表2.3 金融"监管沙盒"政策比较

国家及地区	英国	新加坡	中国台湾
施行时间	2015年11月	2016年6月	2017年1月
主管部门	金融行为管理局（FCA）	金融管理局（MAS）	"金融监督管理委员会"（FSC）
审查标准	创新性； 消费者保护； 金融市场稳定； 紧迫性； 充分性（已有创新产品）	技术主导型创新； 消费者保护； 推出后的推广性； 反馈性； 已测试风险并有防范措施； 推出机制完备	创新性； 提升金融效率； 消费者保护； 已有风险识别与防范； 消费者保护措施； 规定试验人数与交易限额
审查周期	3个月	21个工作日	60日
测试时间	6个月	弹性	6个月
投资者保护	测试对象是知情同意的消费者； 允许测试活动披露、保护和赔偿； 可获得申诉专员服务（FOS）与金融服务补偿计划（FSCS）的救济； 进行沙盒测试的企业需具备赔偿投资者任何损失的能力	明确界定适当的边界条件并有效地执行； 要求申请者在进入测试时有防范风险的措施	申请人应对参与实验的消费者提供妥善的保障措施以及退出机制，明确告知实验内容，并征得同意； 申请人与消费者之间的民事争议，由评议中心处置
退出机制	期满退出	期满可申请延期； 无法达到预期结果； 测试中出现缺陷无法克服，且超过预期风险； 违反承诺； 经通知MAS后自愿退出	届满可申请延期； 进入沙盒后3个月未进行实验； 违反承诺； 实验中对消费者或金融市场不利； 范围超过FSC核准
金融创新	创新项目和创新中心	金融科技办公室和创新团队	金融科技创新基地

之所以按照专"法"形式推出"监管沙盒"，是因为台湾"金管会"认为台湾地区是成文法体制，专"法"可以赋予沙盒项目以最强的公信力。台湾地区金融"监管沙盒"目前以商业行为作为主体，而不是根据行业来划分，同时允许科技公司从事部分金融业经营的业务，降低融资门槛，鼓励传统金融与跨界业务整合。这为其

他领域从事金融业务提供了一定的成长空间。

2.4.3 实施科技"监管沙盒"对台湾地区经济和产业的影响

开始于 20 世纪 80 年代的金融自由化改革，为台湾地区金融与产业间的协同发展注入了市场活力，民营银行业呈现出爆发式增长态势，企业数从 1989 年的 23 家增加到 53 家。民营银行资产占总资产的比重从 1991 年的 8.89%，上升到 2001 年的 51.5%；公营银行的资产占总资产的比重，则由 1991 年的 53.68% 下降到 2001 年的 19.7%。[①]20 世纪 80 年代以前的台湾地区实行"金融压抑"政策，到 20 世纪 90 年代金融自由化后得到了部分改观。1991 年开始，台湾地区用"促进产业升级条例"取代了行之多年的"奖励投资条例"，用普惠性奖励政策取代选择性产业政策，改变了针对特定产业（例如电子业）给予各种优惠措施的做法。企业可借由各式金融工具，例如向海外发行全球存托凭证（GDR）、美国存托凭证（ADR）、以外币计价的可转换公司债（CB）等在全球募集资金。台湾企业 20 世纪 90 年代发行 GDR 和 ADR 后，1991—2005 年累积已达 157 件，募集资金 305 亿美元。截至 2005 年在海外发行 CB 已有 363 件，集资 403 亿美元。如宏碁、台积电、联电等大公司均采用 GDR 等方式到海外募集资金。2004 年台湾地区"金管会"（全称为"金融监督管理委员会"）成立，改变了台湾地区之前实行的分业监管体制，即金融机构的行政管理权属于"财政部"，金融检查权则分属于"财政部""中央银行"与"中央存款保险公司"的状况。但在互联网金融和全球创新创业资本化程度日益加深的今天，仅依靠现有的金融监管框架，很难适应创新全球化之需。2010 年，台湾地区开始了绿色金融改革。2016 年 9 月，台湾"金管会"将绿色金融列为最重要的推动政策，鼓励面向绿色产业建立融资和贷款渠道。

台湾地区希望在"监管沙盒"上能够有所突破，主要考量点在于与"国际"接轨，为科技金融产品提供更为宽松的金融信贷平台。尤其是金融与科技捆绑运作日益紧密的今天，如何定义金融科技公司，以及如何助推金融科技企业发展，是台湾地区在产业升级中的一大关切议题。就目前看，台湾"金管会"虽然允许传统金融业者100% 投资金融科技公司，但必须是在资料分析、界面设计、软件研发（公司网站与客户 CRM、App 等行动装置）、物联网（穿戴装置）及无线通信应用（如远距离健

---

① 台湾经济日报社.台湾金融证券年鉴 2013[M]. 2012 年 11 月.

康照护、汽车电子）五大领域内的公司，除此之外不能投资。

金融"监管沙盒"需要考量的是金融秩序和金融产业转型的平衡。除了金融科技办公室之外，"银行局""保险局""证期局"等都要与"金管会"配合。2004 年以前，台湾地区金融监管权限分属于台湾"财政部"与"中央银行"。"金管会"成立后，成为新开放设立的"金融控股公司"的主管机关。但"金管会"委员的产生方式受到岛内各种政治势力的质疑。在"金管会"成立之初，是否能有效发挥职能尚不得而知，就已爆发连串弊案。"陈水扁时期"民进党的"金融产业政策"，借用东亚"发展型政府"思维用政策来捆绑产业发展。在政策执行过程中，争议不断，贪污腐败疑云重重，台新金控并购彰化银行、中信金控并购兆丰金控、台湾中华开发金控经营权之争等个案频频爆出。

岛内政治生态现况与金融乱象使得台湾地区方面不得不面对如何权衡政治与金融的分割性问题。台湾地区金融监管体系与岛内选举政治的联结度过高，"党营事业集团"和特殊的政商联盟，很大程度上扭曲了金融体系与产业的协调性机制。台湾地区在"陈水扁时期"所进行的金融改革，虽然包括了坏账处理机制、金融监管架构与金融产业组成等内容，但金融监管架构与金融产业组成的调整并未同步，政治化斗争异常激烈。当 2002 年民进党当局试图通过增加"金融重建基金"规模时，就与立法的"泛蓝"阵营发生严重的政治分歧。有学者分析说，其实从"金融重建基金"设置之初，即充满着政治角力，在立法机构审查"金融重建基金设置及管理条例"时，法案版本就多达 7 个，最终通过的法案版本取决于政党协商，充满朝野妥协的意味。[①]台湾地区曾经出现金融机构逾期放款比率不断攀升的情况，其原因也主要在于政商关系的不当联结。

两岸金融合作却为台湾地区金融市场建设提供了外向拓展空间。自 2009 年以来，两岸签署了《海峡两岸金融合作协议》《海峡两岸经济合作框架协议》等一系列经济与金融合作协议，为深化两岸金融合作和业务往来提供了发展土壤。台湾"金管会"数据显示：2010—2015 年，两岸金融业务往来金额从 4415.92 亿美元增加到 7445.03亿美元，在总量上显示持续增长趋势。截至 2016 年 2 月，已有 13 家台资银行赴大陆地区设立分（支）行及子行，其中 26 家分行、12 家支行及 1 家子行已开业；已收购 1 家子行，另设有 3 家办事处；已核准 1 家证券商赴大陆地区参股设立期货公司，

---

① 廖坤荣.金融重建基金制度建构与执行绩效：台湾与韩国比较 [J]. 问题与研究，2005(2):79-114.

4 家投信机构赴大陆参股设立基金管理公司并已营业，还有 10 家证券商在大陆设立了 16 家办事处。台湾有 20 家投信机构向大陆地区提出申请 QFII 资格，均获得了大陆证监会资格核准。大陆庞大的金融市场和资源容量为两岸金融合作创新提供了空间。台湾实施"监管沙盒"政策试验的基本前提是，与大陆在"共享经济"和互联网金融上能够交流融合。与大陆经济、产业和科技紧密合作下的金融创新对台湾来说才是康庄大道。

第3章

台湾地区科技体制变迁与创新能力演化

  1949 年国民党撤退到台湾后，将主要精力放在稳定岛内政治和经济局势，处理棘手问题。直到 1954 年，台湾政局趋稳，国民党当局才开始关注科技发展，宣布当年为"发展科学年"。1955 年，"中央研究院"在岛内才得以确定院址。1957 年在台湾举行"中央研究院"第二次院士大会。[①]1959 年台湾"行政院"发布"长期发展科学计划纲领"（1959—1968 年），意味着台湾科技管理正式进入了行政管理体系。经过 1967 年台湾"国安会"设立科技发展指导委员会、"国家科学委员会"（简称"国科会"）等建制型科技管理组织，台湾地区科技管理体制和体系初见雏形。20 世纪 70 年代中后期，台湾"科技部"开始实施和执行全岛的科技发展政策，制定四年期的"科学技术发展计划"，以推动科技创新下的产业升级方案。1979 年 7 月，台湾当局与产业界共同推动成立了"资讯工业策进会"（MIC），以推动台湾地区资讯产业发展。20 世纪 80 年代，科技政策与产业政策协同性增强，向科技产业政策转变。同一时期，台湾新竹科学园区成立，资讯电子据此成为台湾地区最具贸易优势和创新优势的产业，新竹园区也成为全球知名的创新集群。1996 年发布"科学技术白皮书"，1999 年颁布"科学技术基本法"。至此，台湾地区逐渐形成了主体分散式参与和条块分割式管理的体制。台湾"科技部"负责全岛的科技计划、科技统筹、科技预算等工作。台湾"行政院"设立的"国科会"则负责协调各部门来推动科技工作的发展。台湾"国科会"的跨部门协调功能很强，因此"国科会"与"经济部"、产业和行政

---

① 茅家琦，等．中国国民党史（下）[M]．南京：江苏人民出版社，2018:232．

管理部门的关系紧密，科技与经济高度整合。台湾"中央研究院"负责基础前沿科学的研究。20 世纪 80 年代以来台湾地区开始逐步建立起官方主导下的"产学研"合作机制，这种"产学研"合作机制以台湾工研院的"育成"（成果孵化）为主轴模式，台湾地区高校（以台湾清华大学和台湾交通大学为主）的技术可以在育成中心进行成果转化。

2008 年后，全球金融危机造成了持续的后续效应。世界经济普遍进入低速徘徊、频繁震荡的阶段，发展动能大幅减弱。很多经济体开始思考非市场型经济手段之外，是否还有其他制度改革新举措可以成为经济增长的又一个着力点。"创新驱动"被普遍认为是这个抓手。台湾地区科技经过几十年的发展，成绩单虽还可以，但岛内经济增速下滑，政党选举力量角逐，给科技创新制造了若干障碍。2010 年，台湾地区进行了机构大调整，台湾"科技部"的决策功能被大幅度削弱。2014 年后，新改组后的台湾"科技部"淡化了科技决策、跨部协调和科技预算审议和监管职能。"科技会报"成为科技决策和协调机制。台湾"行政院"院长任总召集人，台湾"科技部"部长任副总召集人。"科技部"的功能主要是科技发展政策、科技资源分配方案、重大科技发展计划审议，及相关管理和考核、协调和推动重大科技发展政策、筹划召开重大科技战略性会议等。

理解台湾科技体制变迁和创新能力演化，必须首先清楚的事实是台湾地区的科技创新是深度嵌入产业升级和经济发展脉络中的。台湾当局 20 世纪 70 年代时重视应用科学，而非基础科学。1976 年 11 月，蒋经国提出设置"应用科技研究发展小组"统筹方案，用 OST 方法（目标—策略—措施）形成"科学技术发展方案"。因此，台湾地区的"科技创新"带有典型的新结构主义特征。台湾当局通过制度设计和政策工具，以科技手段改变岛内的要素禀赋结构，以此来带动产业升级。研究台湾地区的科技创新，首先要厘清台湾地区经济发展背后的基本机制和路径。总体而言，台湾地区的科技体制变迁是台湾经济发展、产业转型和政治力量相互作用的结果。制度主义认为：制度环境影响企业创新偏好和绩效，提升产出效率，减少交易成本和不确定性，增加行为者的协调性。[1][2] 在当前世界总体形势频繁波动的不确定性条件下，全球地缘政治风险明显增强，地区经济发展、产业革新和全球性公共议题与制度环

---

[1]　Dollar D, Kraay A. Institutions, trade, and growth[J]. Monetary Econ, 2003 (1): 133-162.

[2]　Alonso J A, Garcimartín C. The determinants of institutional quality. More on the debate[J]. Journal of International Development,2013 (2): 206-226.

境的关联度明显增强。台湾的外向型经济模式在这新一轮全球治理变革中必将受到极大挑战。台湾"行政院"主计处数据显示：2015 年台湾地区制造业产值增长率仅有 3%。2016 年台湾地区 GDP 增长为 1.4%，虽实现了"保 1"目标，但增长依旧乏力。

3.1 台湾地区科技体制和科技政策变迁

台湾地区科技管理和创新以"经济增长"作为基本前提。科技体制和政策都具有技术实用主义色彩，在经济起飞阶段确实起到了引擎作用，台湾地区也乐于称道此事。但是，一旦经济增长活力不在，科技也就可能成为被"下刀"的肥肉。正如前文分析，近些年台湾地区经济不振的原因很复杂：一方面是台湾地区制度转型没有跟进经济形势，党派斗争和选举经济取代了市场经济的基本规律；另一方面是受到台湾地区自身要素禀赋优势下降以及全球市场竞争形势的影响。但是，台湾地区却片面地将其经济下滑归咎于自身科技管理出现了问题，因而也就对与大陆地区的科技合作一直采取着封闭的限制性政策，"犹抱琵琶半遮面"的做法时常出现在科技产业中。中国台湾与韩日在面板行业的市场竞争中所产生的巨大的机会成本，就是例证。

3.1.1 台湾地区科技体制

台湾地区科技体制的主要特点如下：（1）科技与经济联动；（2）以小企业为主体的技术创新活跃度高；（3）研究院所的科研管理体制较灵活；（4）科技园区在经济中扮演着重要角色。在台湾地区，科技管理机构总体上有 20 余家。台湾"行政院"是制定科技政策的权力机构，也是跨组织协调的决策机构。科技推动机构为"国科会"、科技顾问组及其他相关部会。"国科会"于 1959 年成立，负责自然科学、工程应用科学、产业科技和人文社会科学研究发展的策划、推动、辅导、协调和申请案件审核，以及对外合作、科技人才计划等的制定、推动和实施工作。图 3.1 是"国科会"绘制的科技管理体系图表。1980 年，"行政院"设立了"科技顾问组"，主要负责科技信息收集以及决策咨询，其成员由具有行政管理经验的科学家组成。"科技顾问组"定期召开会议，讨论重大科技发展问题。"国科会"是"行政院"常设的科技发展主管行政机构。受"国科会"管辖的相关部门是科技政策的执行机构，负责各部门的科技发展工作。

台湾地区科技政策的形成主要通过科学技术会议、"行政院"科技会报、"行政院"科技顾问会议、"行政院"产业科技策略会议以及"国科会"委员会议等部门达成共识，并据以拟定政策方向。台湾地区科技发展的各项具体工作主要由下属各相关部门执行。"行政院"的科技顾问组定期召开行政院科技顾问会议。一些跨部门的特定工作由行政院长指派主管科技的政务委员以项目或任务编组方式协调相关部门推动。参见图 3.1。

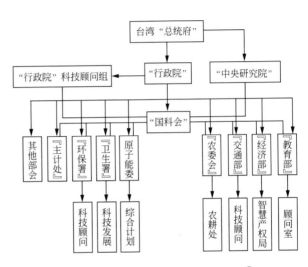

图 3.1　台湾地区科技行政体系 ①

为提升行政效率，2012 年台湾地区启动了新的行政机构体系改革方案，组建"科技部"，从"功能性"与"权责性"角度出发来整合台湾地区科技组织体系，推动上中下游科技活动协同，从科技研发成果端来引导产业结构改善、提高产业附加价值。2014 年 1 月台湾"立法院"通过所谓"'科技部'组织法"，正式组建"科技部"。根据所谓"'科技部'组织法"：台湾"科技部"主要掌理范围包括推动重大科技研发计划、发展科学工业园区、支持学术研究及产业前瞻技术研发等事项。台湾"科技部"下设"灾害防救科技中心"，负责推动灾害防救技术研发等事项；下级主管部门还包括新竹科学工业园区管理局、中部科学工业园区管理局及南部科学工业园区管理局，执行"科学工业园区设置管理条例"所定事项。

台湾科技执行机构主要分为基础研究、应用研究、技术发展与商业化四个方面。"中央研究院"主要执行基础研究和应用研究；高校则在基础研究、应用研究和实验

① 台湾"国科会"."台湾科学技术白皮书"[M].1997.

发展上都具有优势；财团法人机构执行应用研究和技术发展；商业化研发由企业推动。台湾的财团法人和科技中介组织在科技管理方面发挥政策咨询和科研作用。其中，台湾工业技术研究院（ITRI）是产业技术研发和成果转化最成功的范例。"台湾科学技术白皮书 2008"显示：2007 年台湾研发人员超过十万人，每千人就业人口的研究人员数至 2008 年已达 10.6 人。2008 年研发投入强度达到 2.77%。2010 年台湾地区提出"延揽及留住大专校院特殊优秀人才实施弹性薪资方案"，以改善优秀教师与研究人员的薪资。[1]2010 年台湾地区科技预算达到 941 亿元新台币，平均增长 6.07%，研发经费增长也在 6% 以上，说明台湾地区科技管理取得了阶段性成果。

台湾地区经济社会转型过程中，科技体制存在一定的弊端，如官方对高技术管制严格，限制了台湾与其他地区的科技合作以及对新兴高科技产业的贡献度，失去了很多技术合作机会。同时，台湾地区重视技术与市场的结合，但是在高端基础研究领域缺少大范围的资源投入，资金总量也不能满足科技创新所需。

台湾地区科技管理体制的优势可归纳为以下四点：一是科技计划管理面向市场的科研项目审查与评估制度；二是采取多种手段鼓励民间企业的研究开发活动，产业政策也由原来对出口倾斜逐渐转向对科技开发倾斜，扩大民间技术需求；三是加快科技产业投融资体系建设，消除科技成果转化中的资金瓶颈；四是大幅提高技术转移者的收益，激发研究机构为产业发展服务的积极性。

3.1.2 科技资源配置机制

（1）经费管理制度

20 世纪 90 年代之前，台湾地区"政府"研发经费投入占全岛科技经费投入的比例超过 40%，其中"经济部"科技项目经费投入的比例超过 20%。1990 年后"政府"研发投入比例下降。每年科技项目经费在前瞻性、整合性与关键性技术研发领域的投入都超过百亿元台币。一般来说，科技管理机构（如图 3.1 所示）、基础研究单位的科研经费都来自"政府"投入。非营利性产业研发机构经费构成中，以"科技专案"的形式投入的"政府"研发经费年度比例大致维持在 30%~50%。[2]

---

① 台湾地区"行政院"资料。
② Chiung-Wen Hsu, Hsueh-Chiao Chiang. The Government Strategy for the Upgrading of Industrial Technology in Taiwan[J]. Technovation, 2013(2): 123-132.

台湾地区颁布的"经济部科技研究发展专案计划成果转移处理要点"中，明确了成果转移给产业界的各种规定。"经济部"技术处主要负责科研部门与产业界的合作管理模式的修订完善。"经济部"设立的科技项目对技术授权金所占科技项目比例目前已经达到 3.5% 左右。台湾地区"经济年鉴"数据显示：2016 年台湾地区总体研发经费达到 5413.6 亿元新台币。"政府"部门研发经费占比从 1991 年的 52% 下降到 2016 年的 21.3%。研发经费强度等相关指标的年度变化情况参见图 3.2。

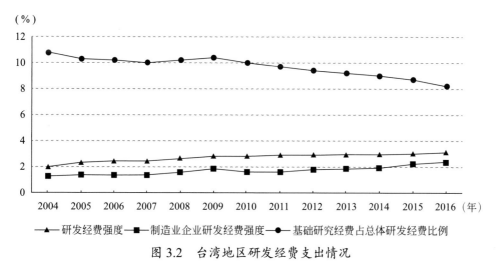

图 3.2　台湾地区研发经费支出情况

（2）科研人员管理

在台湾地区，科研人员主要分布在大学、非营利性财团法人研究机构和企业中。为留住和吸引人才，1962 年台湾地区修订了"国外留学规程"。1983 年 3 月颁布"加强培育及延揽高级科技人才方案"，以培育岛内人才与引进海外人才并重。"行政院"科技顾问组在 1995 年完成了"加强运用高级科技人才方案"，计划每年增加引进海外资深专业人士 350 名，每年增聘具有适当经验的博士级研究员 250 名，以加强台湾地区产业研究能力。1995 年 7 月台湾地区开始通过财政补贴实施引进"海外"产业专家计划。1999 年台湾地区科研人员总数为 13.5 万人，每千人中科研人员比重为 3%；2016 年台湾地区科研人员总数达到 18.5 万人，每千人中科研人员比重为 7.9%；指标提升幅度较大。[①]

台湾地区科技人员管理以产业和技术为核心，科技人员与台湾地区的"智慧财

① 台湾"行政院"主计总处."2017 年统计年鉴"[M]. 2017 年 9 月.

产权"捆绑紧密，科技人员可以带着技术进行跨组织的双向流动。台湾地区的科研人员可以在企业、研究单位和高校之间通过机制设计而流动，从而激发了科研人员从事科学技术工作的热情与积极性。2006 年教育机构的科研人员占 26%，在政府机构的占 15%，在企业的占 58%，在非营利组织的占 1%。以台湾工业技术研究院为例，其直接衍生的公司，以及从工研院技术转移及由工研院离职员工参与的公司产值总计，平均每一个工研院员工的延伸贡献值，从 1980 年的 140 万美元增加到 1997 年的 1481 万美元，年平均增长率高达 30.6%。[①]

（3）科技成果转化机制

在台湾地区，科技成果转化是基于产业成熟技术转移和授权模式，台湾官方主导的科技计划项目的成果产权归属以及双方权责是有明确规定的。台湾地区所谓"科学技术基本法""政府科学技术研究发展成果归属及运用办法""行政院国家科学委员会研发成果权益处理要点""行政院国家科学委员会补助学术研发成果管理与推广作业要点"等文件，对研发人员及其组织，以及成果转让接受方的权责进行了明确规定，规定将成果转让金按照一定比率分配给研发人员。这种做法保护了研发人员的利益所得。例如，台湾地区技术转移所得权利金及衍生利益金，由计划主持人、计划和项目主持人所属单位及"国科会"依下列比率分配：计划主持人分得 40%~50%（如计划主持人、发明人及创作人为多人，则平均分配或自行确定比率分配）；计划主持人所属单位分得 5%~10%；"国科会"分得 50%（如为产学合作研究计划成果，由"国科会"与合作厂商依出资比率分配）。台湾"政府科学技术研究发展成果归属及运用办法"中明确规定：研发成果由执行研究发展的单位负责管理及运用，其所获得的收入，要按一定比率分配给创作人；由资助机关对管理及运用负责的，将一定比率分配给创作人及执行研究发展单位。可见，台湾地区推动科技成果转化的目标和方式是明确、具体的，且面向的是社会实际需求。

科研项目选题的确定与执行遵循一定的程序，研究目标必须与产业政策一致。台湾"经济部"工业局会定期与产业协会会谈，并邀请学术界、产业界和政府部门的领域专家参与讨论。目标确定后，研究机构要提交研究计划，由"经济部"工业技术规划评审委员会邀请专家进行评审。高校申请的是"经济部"的基础研究计划。科技

① Chiung-Wen Hsu. Formation of Industrial Innovation Mechanism Through the Research Institute[J]. Technovation, 2005(25): 1317-1329.

成果转化的途径包括学术会议、文章发表、展示、技术转让、专利授权和衍生公司等形式。这些形式涵盖了从技术、产品、服务到商业化的过程，参见图 3.3。①

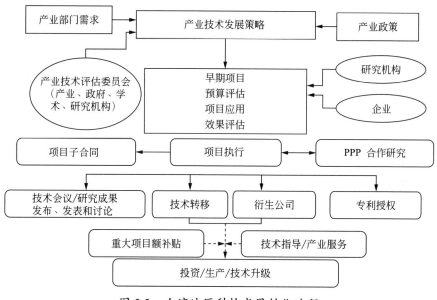

图 3.3　台湾地区科技成果转化流程

（4）科研机构运行与评价机制

台湾地区科研管理体系的结构决定了内部的各部门功能。台湾地区非营利性科研机构受"国科会"和"经济部"两部门的双重管理，这种做法推动了台湾地区科研机构工程转化能力的形成。科研机构以技术应用和创造经济价值为发展目标。台湾地区科研机构实行的是"财团法人"治理模式。在台湾地区，"财团法人"是指法律上对于为特定目的的财产集合赋予民事权利能力而形成的法人。"财团法人"的设立基于捐助行为或者遗赠行为。台湾地区的科研院所由于实行"财团法人"制度，因此公立性、独立性和自主性较强，在技术研发和成果转化方面的机制较灵活。

20 世纪 70 年代以前，绝大多数台湾地区科研机构掌控在"总统府"和"行政院"各部会署及省县市"政府"手中，这种官方独办科研的做法，与台湾地区推行的"计划性的自由经济"政策不相符合。为应对经济转型和产业升级需求，中国台湾借鉴日本、韩国的应用技术研发管理体系经验，以"立法"形式成立了面向经济、独立运作

① Hsing-Chau Tseng, Iuan-Yuan Lu. Technology Transfer and Industrial Development in Taiwan[J]. The Journal of Technology Transfer, 1995(20): 33-38.

的财团法人研究机构——台湾工研院，由其承担引进、开发新技术和向民间转移成果的重任。台湾地区将原属"经济部"的3个研究所以捐赠方式赋予了工研院。在工研院试点运作成功的基础上，台湾地区又先后成立了资讯工业策进会（简称"资策会"）、食品工业发展研究所、生物技术开发中心等一批财团法人开发型科研机构，成为推动台湾地区产业科技发展的主要力量。可以说，在台湾地区，科技专案成为投资回报率很高的一种生产性投资。与此对应，研究人员在跨组织间也可以比较自由地进行流动，科研考评指标以技术转移所创造的经济价值为主。

3.2 台湾地区科技创新能力演化：制度的视角

3.2.1 台湾地区近年来科技创新能力总体情况

科技创新及其高科技产业是台湾地区的经济增长引擎。20世纪80年代台湾地区开始推行的出口导向型经济策略为其带来了巨大的贸易顺差。台湾新竹科学园区、工业技术研究院等一批优秀的科技孵化与产业创新机构，也是从劳动密集型产业成功转型升级为以资讯电子为代表的科技型产业的。应当说，台湾地区这种总体研发投入高、研发制造关联度强、产学研合作紧密、知识和专利对经济的贡献度高等创新生态特征，成为其核心创新能力的主要特点。

台湾地区核心创新能力主要体现在几个关键科技产业方面。从台湾前瞻科技计划中列出的各项技术成果产业化水平看，纳米、能源和网络通信技术合同签订数分别达到1242件（2005—2013年）、1197件（2009—2013年）和717件（2005—2013年）；智慧电子、晶片和网络通信产业的技术转移带动的厂商投资金额分别达到8000多亿元新台币和2800亿元新台币。①台湾地区在3D集成电路关键技术、嵌入式软件生活服务平台、ICT应用关键材料及软件、高阶绘图与视讯软件、高阶量测仪器技术、智慧网络、医疗电子、先进感知网络与感知平台技术、智慧电动车通信技术、互动显示技术等方面取得了技术突破。

台湾地区近年来研发经费总量呈现增加趋势，2013年研发总体经费达到4549亿

---

① 朱正浩.台湾"创新前瞻科技"成果产业化经验及两岸合作新局探讨[J].台湾研究集刊,2016(1):54.

元新台币；主要以岛内资金为主，岛外资金则占比较低，维持在 0.1% 左右。[①] 研发支出总量逐年增加，2014 年达到 4834.92 亿元新台币，10 年间年均增长 7%。其中工程领域支出稳定占比在 70% 以上。[②] 工程领域研发以台湾工业技术研究院、中卫集团等一批重要的技术研发与成果转化机构为平台。依托于台湾清华大学和台湾交通大学而建的新竹园区，有效衔接着企业、大学和科研机构的创新资源和成果收益，培育了全球价值链中很多知名的高科技型企业。

3.2.2　台湾地区产业创新的脆弱性愈发凸显

台湾地区的总体创新能力表现不错，但产业创新能力在行业间分布并不均衡，主要集中在产业中下游，产业脆弱性明显。以下几个关键行业对台湾地区经济的贡献最大，如传统的集成电路、面板、精密机械、IT 制造及光学设备制造等，这些行业同时也是台湾地区创新能力的主要来源，参见图 3.4。事实上，这种产业结构在 20世纪 90 年代初就已形成。到 1992 年年底，新竹园区内 80% 的公司从事资讯或电子行业[③]，而这个状况近 30 年来并未有大的改观。台湾企业中 98% 是中小企业，但创新能力强的台资企业主要是大企业。台湾"经济部"主计处"2014 工厂校正暨营运调查报告"数据显示：开展研发活动的大型企业的数量占比 78%，显著高于中小型企业（6.7%）。2015 年台湾"经济部"公布的岛内制造业上市柜公司的研发支出数据显示，研发总支出为 1157 亿元新台币，同比增长 6%，占总营收比重为 2.5%。其中研发支出排名前五的均为通信科技公司，分别是台积电、鸿海、联发科、华硕和台达电，五大科技公司研发支出均创下了历史新高，合计总支出达到 394 亿元新台币，占制造业研发支出比重的 34.1%。

台湾地区生产的晶圆代工、电脑主机板、扫描器、光碟片、集成电路封装、笔记本电脑、数据机、印刷电路板等产品在全球市场拥有极高的占有率。随着全球创新活动的快速化、扁平化和技术获取成本的直线下降，很多原来具有较强核心竞争力的产品和技术在未来都可能被快速赶超。此外，中国台湾这些"片段式"的科技领域与日韩的很多关键技术领域还存在较大的技术同质性竞争。因此，任何产品的外销市场出现波动情况，或者原材料供应出现断货，都会影响到创新绩效。

① 台湾"国科会"."台湾科学技术白皮书"[M]. 2014.
② 台湾"国科会"."台湾科学技术白皮书"[M]. 2014.
③ 茅家琦，等.中国国民党史（下）[M].南京：江苏人民出版社，2018:235.

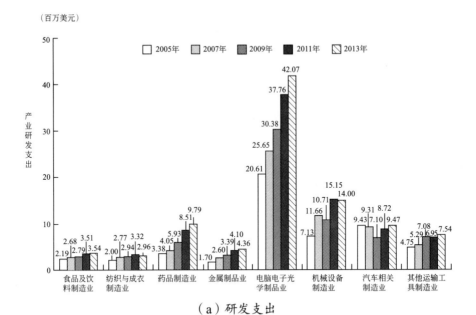

（a）研发支出

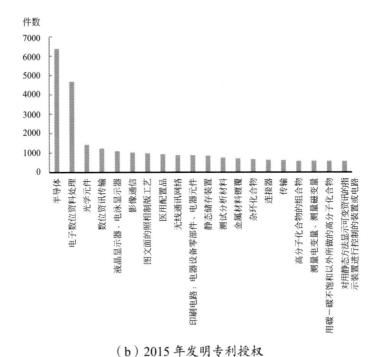

（b）2015年发明专利授权

图3.4 台湾地区关键核心产业研发支出与发明专利授权情况

资料来源：台湾"经济部"，"2016台湾产业技术白皮书"。

3.2.3 有限创新目标下的政策试验

台湾地区在推动创新的制度安排上，以产业发展为核心目标的政策创新发挥了主导作用。从 20 世纪 80 年代设立新竹园区、建立工业技术研究院，到制定科学计划、"奖励投资条例"，再到"产业创新条例"等产业创新政策，创造了"小规模技术优势"。2001 年台湾地区实施的科技前瞻计划，从领导型技术研发、新产品开发、新产业培育，到激励一批包括工研院、资策会、生物技术中心等的技术法人开展技术研发和进行产业化，从制度安排上为台湾地区保持和提升科技竞争力提供了条件。"爱台 12 建设""六大新兴产业""四大新兴智慧型产业"和"永续能源政策纲领""产业创新条例""生技新药产业发展条例"，以及"发明专利产业化推动方案"、知识产权"智财战略纲领"，构成了台湾地区创新政策的主轴。2008 年全球金融危机后，台湾地区经济增长动能不足。通过建立制度化的创新机制来维系创新能力，是台湾地区创新政策的试验场。对此，岛内有人认为台湾地区仍靠吃"老本"来维系创新地位，缺少创新思维和创新行动。但是，客观地讲，创新政策"版本"的不断翻新确实是台湾当局一直在做的事情。例如，2015 年 9 月台湾"行政院"核定的"行政院生产力 4.0 发展方案（合订本）"就试图解决岛内劳动力、土地等资源短缺问题，应对全球生产制造业的升级挑战，运用智慧机械、物联网和云计算等技术引领产业升级，并融入"亚洲矽谷"计划，尽管这个计划执行效果不尽如人意。

3.2.4 OFDI 加快台湾地区产业逆向技术溢出

积极推动对外直接投资（OFDI）是台湾地区产业创新能力提升的重要制度安排。科格特等人（Kogut et al., 1991）指出：提升区域技术创新能力的另一种途径是 OFDI 逆向技术溢出，可以发生在发达国家和地区间，也可以发生在发展中国家（地区）对发达国家（地区）的投资中。[①] 基思等人（Keith et al., 1999）曾研究指出日本的制造业企业对美国的投资促进了日本自身的技术进步。[②] 利希滕贝格和鲍狄里（Lichtenberg & Potterie, 2001）则采用美国、日本等 13 个国家 1971—1990 年的数据，

---

① Kogut B, Chang S J. Technological Capabilities and Japanese Direct Investment in the United States[J]. Review of Economics and Statistics, 1991(3) : 401-413 .

② Head C. Keith, Ries John C, & Swenson Deborah L. Attracting foreign manufacturing: Investment promotion and agglomeration[J]. Regional Science and Urban Economics, 1999(2):197-218.

验证和比较了 OFDI、FDI、进出口 3 种渠道的 R&D 溢出效应，结果表明 OFDI 提高
了母国的全要素生产率和技术创新能力。[1]20 世纪 60 年代台湾地区开始实施出口导
向型经济发展战略，也正是从此台湾地区进入了经济发展的快车道。当时中国台湾
主要的贸易伙伴是美国和日本，数据显示：1960 年台湾地区进出口总额 4.61 亿美元，
到 1973 年增至 82.75 亿美元，年均增长约 25.0%。[2] 当时的台湾地区不仅获得了经济
发展和产业升级的良好成绩，而且在技术进步和科技创新能力上也得到了显著的提
升。主要表现在以下两点：一是通过贸易和投资实现了经济总量增长；二是在全球产
业结构变迁环境中，台湾地区产业结构也从最初的劳动密集型产业转向资本和技术
密集型产业。此时台湾地区参与发达国家关键科技产业的主要途径是中下游环节的
OEM，但这种做法恰是通过"干中学""技术累积"和模仿创新等方式不断提升了台
湾地区本土企业创新能力和全球生产网络的参与水平。当前台湾地区很多关键的核
心技术和产业都得益于那个阶段所积累的创新能力。

3.2.5 "政治"与"市场"的持续博弈制约岛内科技创新能力提升

在全球经济发展到当前阶段，创意、工艺、工程、创新以及商业模式的变革成
为产业长期竞争力的主要来源。台湾地区经济发展过程中，制造业人才的学习和创
新能力的确值得肯定。台湾地区的产业集群也颇具特色，不论是北部新竹科学园区
的资讯电子集群还是中部精密机械群落，都曾是台湾地区创新能力的主要体现。但是，
在台湾地区，当科学遇到了政治，又发生了什么？

台湾问题研究学界普遍认为：台湾地区的政治生态长期以来是研究台湾问题的重
要切入点。政党轮替、选举政治、"时代力量"，以及派系斗争、政治与经社议题交织，
都在不同程度上影响着台湾社会的整体走向。制度经济学家诺斯（Douglass C. North）
曾尖锐地指出政治与技术的相互影响。他认为要想了解现代技术的潜力，你不能同政
府过多地打交道，但又不能不同它打交道。[3] 经济史学家乔尔·莫基尔（Joel Mokyr）
认为政治操纵最多是一场零和博弈，技术进步是一场正和博弈；决定哪场游戏吸引最

① Lichtenberg F R, Potterie B P. Does Foreign Direct Investment Transfer Technology Across Borders [J].
Review of Economics and Statistics, 2001(3) : 490-497 .
② 台湾"财政部"统计处的进出口贸易统计月报，1981。
③ North D C, Wallis J J. Integrating Institutional Change and Technical Change in Economic History A
Transaction Cost Approach[J]. Journal of Institutional & Theoretical Economics, 1984 (4) :609-624.

优秀的选手则是一个政治范畴。^①技术创新最终必须通过市场的检验,台湾的科技创新和产业创新将始终处于政治与市场的博弈中。松绑岛内政治因素,以市场为基本遵循来推动科技创新,是台湾地区当前必须正视的问题。

创新只有尊重经济和产业发展的历史逻辑才能够卓有成效。制度主义认为:任何制度安排都有可能影响收入分配和资源配置效率;现存的制度安排将可能影响制度变化的未来供给。^②任何当期的制度安排都会成为下一步创新的影响因素。历史经验表明,台湾地区虽然曾通过贸易、投资等"开放"的方式提升了创新能力,但这种创新方式具有很强的倾向性和选择性,尤其体现在台湾地区在两岸高技术产业合作创新方面的保守态度,这也曾使我国台湾地区拥有核心技术优势的面板产业最终受到了日韩面板产业的巨大冲击。在包括半导体、面板、生物科技等在内的很多关键细分技术领域,台湾地区曾具有明显的竞争优势。但在全球技术创新速度以每年 13.7%的速度增长的总体创新态势下,台湾地区的创新能力受到的外部挑战显然越来越大。美国《纽约时报》2013 年一篇题为《台湾:惋惜失去领先地位》的文章指出:台湾地区在智慧型手机时代没有掌握先机,已经失去了其全球领先地位。总体来看,在台湾地区创新能力演化过程中,短期内制度因素看似没有技术革新本身对创新能力的作用直接,但长期看影响深远。在当前全球科技发展与治理变革的过程中,创新已经演变为"技术—制度"协同范式下的产物。忽略制度安排对创新的长期影响,将产生巨大的机会成本和沉没成本。

3.3　台湾地区科技创新能力演化的制度分析

当前,全球经济总体震荡波动,地缘政治与社会力量错综交织,地区发展普遍动能不足。IMF 指出当前全球经济更易受货币贬值或地缘政治冲突影响,并警告全球经济面临"广泛的停滞风险",IMF 也因此将 2017 年全球各经济体的经济增长预期下调至 3.5%。在各经济体寻求刺激经济复苏的方案过程中,"创新"成为普遍的共

---

① Joel Mokyr. The Lever of Riches: Technological Creativity and Economic Progress [M]. Oxford University Press, 1990.

② Vincent Ostrom, David Feeny, Hartmut Picht. Rethinking Institutional Analysis and Development: Issues, Alternatives, and Choices. International Center for Economic Growth, San Francisco, California, USA, 1988.

识性行动。"如何通过高质量创新来拉动经济、就业和民生"成为很多国家和地区的政策主轴。从美国的创新金字塔计划、《美国国家创新战略》，到欧盟 Horizon 2020，再到德国工业 4.0 技术创新战略和英国《我们的增长计划：科学和创新》，均得到体现。

从经济史观看，广泛的技术革新，尤其是信息技术的使用带来了社会财富总量的增加和人类知识存量的增长。[①]而高质量的技术创新又依赖于高质量的制度，即稳定的、持续的，以及得到广泛共识的制度供给。

美国当代政治学家迈克尔·罗斯金（Michael G. Roskin）认为：权力结构是制度的灵魂。不要看制度表象，应该透过制度来分析社会主体相互关系的稳定模式，这才是制度分析最核心的工作。[②]斯坦福大学社会系教授斯科特（Scott）认为：制度是给社会带来稳定的认知性、规范性和规制性的结构与活动。[③]可见，制度的"质量"决定着一个社会运转是否高效。

"制度质量"源于制度主义对"制度"本身的界定。它被界定为一种经济发展的外生变量，被普遍应用于企业绩效，也可被视为一种可以从供给侧优化配置的公共产品。[④]

"制度质量"主要体现在竞争力、收入差异、政府治理、社会和谐和企业家活动等多方面。[⑤]它包括政府选择、控制和替代的过程，政府有效制定和执行政策的能力，公民与国家之间的经济与社会互动。[⑥]考夫曼（Kaufmann）等将法治（rule of law）作为评价制度质量的指标。[⑦]林（Lin，2010）认为制度质量包括产权制度和契约制度。[⑧]列夫琴科（Levchenko，2013）用合同实施（contract enforcement）、产权（property rights）和投资者保护（investor protection）来评价制度质量对贸易的影响。[⑨]

---

① Joel Mokyr. The Lever of Riches: Technological Creativity and Economic Progress[M]. Oxford University Press, 1990.

② Michael G. Roskin. Countries and Concept: Politics, Geography, Culture[M]. Pearson Education, Inc., 2009.

③ Scott W R. Institutions and Organizations[M]. Sage publication, 1995.

④ North D C. Institutions, Institutional Change and Economic Performance[M]. Cambridge university press, 1990.

⑤ 罗小芳，卢现祥. 制度质量：衡量与价值 [J]. 国外社会科学. 2011(2): 43-51.

⑥ Kaufmann D, Kraay A, Mastruzzi M. The worldwide governance indicators: methodology and analytical issues[J].Hague Journal on the Rule of Law, 2011 (2): 220-246.

⑦ Kaufmann D, Kraay A, Mastruzzi M. Governance Matters VI: Governance Indicators for 1996-2006. World Bank Policy Research Working Paper, 2007.

⑧ Lin Chen, Ping Lin, Frank Song. Property Rights Protection and Corporate R&D: Evidence from China[J]. Journal of Development Economics, 2010(93):49-62.

⑨ Levchenko A A. International Trade and Institutional Change[J]. Journal of Law Economy and Organization. 2013 (5): 1145-1181.

诺斯（North，1990）提出包括产权保护和契约的制度安排会影响经济绩效。[1]2003年他再次指出：经济制度固然会直接影响经济绩效，但它直接来自政治制度，而且会与经济制度交互地塑造社会运作方式；无效的制度会造成经济"功能紊乱"（dysfunction）。[2]阿列辛娜和佩尔蒂（Alesina & Perotti，1996）对 71 国所做的实证研究发现，过高的收入差距会造成一种充满不确定性的国内政治经济环境，从而影响投资者进行长期投资的计划，最终对经济增长产生抑制作用。[3]有效的贸易政策不仅来自制度的有效性，而且更加依赖于制度的稳定性。[4]

制度质量对创新活动和产出绩效的直接影响包括以下重要部分：总体制度质量、产权保护、金融市场化和政府与市场的关系对制造业技术创新具有显著的正向影响[5]；以法律为指标测算制度质量，促进制造业研发创新和价值链分工[6]；采用市场化指数和知识产权保护程度分析地区制度质量与企业技术创新绩效的关系[7]；从政治稳定、政府效能、监管质量和法律制度及腐败控制等方面考察制度质量，这是影响创新意向和追赶创新绩效的关键因素[8]。此外，从研究制度、资源和创新的长期相关性看，自然资源和经济发展之间显著地存在基于制度质量和技术投入水平的单门槛效应，制度质量和技术投入水平的提高可以有效地改善资源依赖对经济增长的负面影响。[9]

制度质量对地区创新能力的影响是一个复杂多维结构。以往研究较多采用简化问题、收缩研究边界、采用关键特征指标对其进行分析。本书根据制度质量内涵、研究便利性和数据可得性，采用《全球竞争力报告》中的公共制度得分为自变量，

[1] North D C. Institutions, institutional Change and Economic Performance [M]. Cambridge university press, 1990.

[2] North D C. The Role of Institutions in Economic Development [R].United Nations Economic, Commission For Europe Discussion Paper, 2003.

[3] Alesina A, Perotti R. Economic Risk and Political Risk in Fiscal Unions[OL]. European University Institute, Florence. Available at: http://www.iue.it/Personal/Perotti/papers/risk3.pdf, 1996.

[4] 雄锋，黄汉民 . 贸易政策的制度质量分析——基于制度稳定性视角的研究评述 [J]. 中南财经政法大学学报 , 2009(5):53-59.

[5] 杨飞 . 制度质量与技术创新——基于中国 1997—2009 年制造业数据的分析 [J]. 产业经济研究 , 2013(5):93-103.

[6] 张玉，胡昭玲 . 制度质量、研发创新与价值链分工地位：基于中国制造业面板数据的经验研究 [J]. 经济问题探索 , 2016(6):21-27.

[7] 刘和旺，左文婷 . 地区制度质量、技术创新行为与企业绩效 [J]. 湖北大学学报 , 2016(3):139-146.

[8] 陈毛林，黄永春 . 制度质量与企业技术创新追赶绩效：基于工业企业数据的实证分析 [J]. 科技管理研究 , 2016(20):11-21.

[9] 董利红，严太华，邹庆 . 制度质量、技术创新的挤出效应与资源诅咒：基于我国省际面板数据的实证分析 [J]. 科研管理 , 2015(2):88-95.

以创新能力得分值为因变量建立面板回归模型。《全球竞争力报告》提供的样本值来自多个国家和地区的商业领导人的问卷调查，数据可得性、完整性以及连续性能够得到保证。经过数据剔除，以全球 111 个国家和地区为样本，时间跨度为 2007—2016 年，建立固定效应模型和随机效应模型。经过数据的单位根检验和 Hausman 检验，其结果如表 3.1 和表 3.2 所示。

表 3.1　公共制度与创新能力的固定效应模型结果

	固定效应	随机效应
创新能力	0.526***	0.617***
	(0.033 6)	(0.029 4)
系数	2.153***	1.833***
	(0.118)	(0.115)
N	1 120	1 120
adj. R^2	0.653 5	0.653 5
Hausman	chi2(1) = −31.43	

Standard errors in parentheses；*$p < 0.10$, **$p < 0.05$, ***$p < 0.01$。

表 3.2　固定效应的时间控制与地区控制结果

	固定效应
创新能力	0.617***
	(0.034 9)
时间控制	YES
地区控制	YES
_cons	1.749***
	(0.121)
N	1 120
adj. R^2	0.193

Standard errors in parentheses；*$p < 0.10$, **$p < 0.05$, ***$p < 0.01$。

结果显示：公共制度与长期创新能力具有显著正相关关系；公共制度的质量对创新能力的变化产生重要影响；从时间固定效应和地区固定效应结果看，均呈现出显著性，也就是说，公共制度对某一个地区的创新能力以及同一时间内不同地区的创新能力影响均呈现出显著性。

以台湾地区公共制度各分项指标与创新能力各分项指标（见表 3.3）分别作为自

变量和因变量，建立结构方程模型。

表 3.3 台湾地区公共制度与创新能力相关指标

自变量		因变量
产权	"政府"决策透明度	创新能力
知识产权	恐怖行为带来的商业成本	科研机构质量
公共资金违规配置	犯罪和暴力带来的商业成本	企业研发支出
政治家的公信力	有组织犯罪	产学研合作
违规支付与贿赂	警务的可靠性	高技术产品的"政府"购买
"司法独立"	企业伦理	科学家与工程师可用性
决策的受欢迎程度	拍卖与报告制度的优势	
"政府"支出浪费	公司董事会的效能	
"政府"管制负担	少数股东利益的保护程度	
争端解决机制框架有效性	投资者保护的程度	
放松规制的"法律"框架有效性		

基于台湾地区 2007—2016 年数据，通过信度分析、自变量降维、提取主成分，得出的指标相关性结果显示：司法独立、企业伦理与创新能力指标显著正相关，"政府"管制负担与创新能力显著负相关。

从这几个指标相关性看：台湾地区司法改革虽具有较长的历史，但当前诸如判决质量令民众难以信服、检调侦查调查不翔实等[1]问题突出。2012 年台湾地区的"司法满意度调查报告"显示：2012 年较 2011 年台湾地区普通民众和律师对司法体系服务满意度上升，但"审判独立"满意度则下降了。[2]另外一项指标——公司伦理，则一直被认为是台湾企业成功的诀窍。费雷尔（Ferrel，2006）指出：履行伦理准则的公司绩效会明显高于其他公司。[3]黄国光在《儒家思想与东亚现代化》[4]一书中指出：台湾地区之所以成为亚洲"四小龙"，与儒家思想带给企业的长久价值密切相关。从"政府"管制负担指标看，它所表示的政府干预市场行为所带来的各种成本也是相当高昂。从台湾地区现实政治体制转型看，虽然有研究指出在从"威权"向"民主化"转型之前，

---

① 刘孔中，王红霞. 台湾地区司法改革 60 年：司法独立的实践与挑战 [J]. 东方法学，2011(8):69-77.

② 黄斌. 台湾地区的司法满意度调查报告 [J]. 法制咨询，2013(12):64-67.

③ Ferrell O C, John Fraedrich, Business Ethics: Ethical Decision Making & Cases(10th)[M]. Cengage learning Boston, MA, 2006.

④ 黄国光. 儒家思想与东亚现代化 [M]. 台北：巨流图书出版公司，1988.

台湾地区的威权政治促进了其经济成长[①]，但向民主化转型是趋势也是必然，问题是这种民主化的转型并不是完备的，在这期间出现的很多政治操纵事件就是明证[②]。外汇管制[③]、科技管制[④]这两个指标暴露出了岛内"走样"的民主化，也成为台湾地区科技创新的掣肘。"政府"管制程度越高，创新的机会成本将显著增加。自民进党在2016年"执政"以来，岛内政治生态急剧恶化，政治裂缝愈演愈烈，给台湾地区经济造成了巨大的机会成本。

当前，以产业发展结构转型为切入点，跨业整合制造业和服务业资源成为台湾地区在"制度"与"产业"叠加下的创新能力培育方向。[⑤]围绕几大智慧新兴产业，台湾地区开始加强制造业服务化和服务业智慧化的产业升级，这不仅均与全球网络化、智慧化时代产业变革的形势相互契合，也符合台湾地区产业发展曾经累积的优势和禀赋基础。

创新不仅要依靠资源投入，而且在社会经济环境、公共政策规划、产业部门协同方面也要加大长期的制度供给，以形成良好的创新生态系统，才能够有效发挥创新对经济长期的积极影响。台湾地区目前的创新政策采取的是 OECD 模式，即需求导向型而非技术导向型模式，其主要内容包括政府采购、管制规范，以及应用型技术标准化。"台湾产业技术白皮书"数据表明：2014 年台湾在"经济部""国防部"和"交通部"实施的政府采购产品数额分别达到 3535 亿、1432 亿、979 亿元新台币，位列部门前三名。台湾地区司法独立和企业伦理两个主要因素正向影响了台湾地区长期创新能力的塑造；"政府"管制则负向影响了长期创新能力。当前台湾地区社会对体制改革与"法律"松绑来适应产业创新的呼声，也有力地证明了台湾地区在建构开放式创新环境、松绑"政府"管制措施、遵循市场规律促进创新要素在地区间流动等方面需要调整做法。

————————

① 孙代饶.威权政治与经济成长的关系——以威权体制时期的台湾为例 [J]. 北京行政学院学报，2008(3):21-26.

② 程光.台湾政治生态的新变化及对两岸关系的影响 [J]. 现代台湾研究，2016(4): 6-10.

③ 徐诗云.从解除外汇管制到开放对外投资——台湾早期经贸自由化背后的政治文化逻辑 [C]. 第六届海峡两岸经济地理学研讨会，2016.

④ 林欣捷.台湾高科技管制之路——从"巴统"到"瓦胜那协议" [J]. 两岸经贸，2009(2): 41-47.

⑤ 台湾"经济部"技术处."台湾产业技术白皮书" [M]. 2016.

第4章

两岸科技合作进展

4.1 两岸科技关系梳理——"社会交往"视角

自 1987 年 11 月台湾开放大陆籍老兵返乡探亲以来，两岸关系以"社会交往"方式重启。开放探亲迅速带动了台湾民众到大陆访问、旅游观光和投资。在两岸关系往来中，社会组织发挥着重要的纽带作用。2011 年台湾"内政部"调查数据显示，在各级社会团体中，举办过两岸活动的团体占比 8.68%，其中多数只办过 1 次，主办或合办两岸活动的办理经费为 17.03 亿元，协办或赞助两岸活动的办理经费为 1.81 亿元。[①] 2008—2016 年国民党"执政"期间，两岸关系最显著的特征之一是跨两岸社会团体的孕育和成长。两岸社会的连接、渗透和整合，是两岸从经济合作走向更高层级的政治合作的必经阶段。[②] 静默式的社会交流活动正逐渐地牵动两岸社会的重构。[③]

"社会交往"在广义社会学中不仅包括帕森斯（Parsons）和米德（Mead）的"寻求阐释的意义"，还包括狄尔泰（Dilthey）的"生活关连体"。马克思主义理论下的"社会交往"强调全部社会生活在本质上是"实践性"的，"关系性"和"活动性"的范

---

① 台湾"内政部"网站 .2011 年各级人民团体活动概况调查报告 [EB/OL]. http://www.moi.gov.tw/stat/.

② 杨丹伟 . 两岸社会组织：跨两岸社会的生成机制探讨 [J]. 台海研究 ,2013(1):56-63.

③ 陈重成 . 全球化下的两岸社会交流与互动：一个从他者转向自身的历程 [J]. 远景基金会季刊 , 2008(1):39-73.

畴界定了社会交往的两层内容。① 怀尔德（Wilder）认为社会交往分为物质、精神和哲学三个层次：物质层面的社会交往是指人们通过身体姿势、语言声调和面部表情这些自然符号所传递出来的相互关注和反应；精神层面的社会交往是在交往手段和理解一致的基础上进行的；哲学层面的社会交往是"生命综合体"的概念，即社会交往首先必须嵌入共同生活。② 哈贝马斯（Habermas）认为"公共领域"社会交往的目的性、行为的互动性和语言的媒介性是"交往理性"的重要体现。③ 在哈贝马斯看来，只有以"相互沟通来获得协调"，才能被称为是交往行为，否则就可能是以目的为取向的工具行为（作为个体的）或者社会行为（作为社会群体的）。因此，协商、信服、共识是社会交往的三个递进阶段。

两岸社会交往的主体既包括两岸人民，又包括各种社会团体和组织④，其深厚基础是对一个中国的认同，是两岸共同的语言文字、区域文化、历史发展和生活场景的记忆。在新区域主义思维下，"认同"是区域间形成有效合作的重要前提。从经验事实看，2018 年台湾《联合报》公布的一项关于"两岸关系年度大调查"⑤结果显示：台湾民众赴大陆就业及让子女赴大陆求学的意愿均创下八年新高，对台湾当局领导人处理两岸关系的行为表示不满意的比例达到了半数以上，一定程度上体现出民众对两岸关系中社会议题的关注度已经超过了统"独"的政治议题。由于统"独"问题的长期存在，台湾社会形成了一个高度分裂的社会政治格局，加剧了台湾的社会分裂，引发了新形势下的台湾治理困境。⑥ 2016 年民进党"上台"后，台湾地区所谓的"民主政治"再次面临巨大考验，局部利益族群的政治诉求取代公共利益成为岛内硬伤——"民主黑洞"。

推动两岸社会交往正常化和制度化的重要途径是"价值对接的和谐发展"。⑦ 在处理两岸事务上，中央政府一直秉持务实包容态度，对台湾同胞敞开怀抱，无论是来大陆观光旅游、交流访问、投资置业、求学培训还是生活定居，都给予了最大程

---

① 中共中央马克思恩格斯列宁斯大林著作编译局.马克思恩格斯文集：第一卷 [M].北京：人民出版社，2009.
② Verdell Clark. Reviewed Work: The Challenge of Existentialism by John Wild[J]. Books Abroad, 1956(2): 227.
③ 尤尔根·哈贝马斯.交往行为理论（第 1 卷）[M].曹卫东，译.上海：上海人民出版社，2018.
④ 在台湾地区，社会组织包括非营利组织、人民团体、第三部门、非政府组织、民间社会团体等。台湾的所谓"人民团体法"是调整和指导岛内"人民团体"的基本法律规范。
⑤ 两岸关系年度调查 [N].联合报，2018-9-17.
⑥ 胡本良.论统"独"冲突对台湾地区民主政治的影响 [J].台湾研究，2016(4): 39-45.
⑦ 严安林.当前两岸社会交往中存在问题、根源及解决之道 [J].台湾研究，2015(6): 66-72.

度的便利化。早在 1981 年，大陆就对台湾同胞打开了大门，宣布定居、观光和探亲"来去自由"；这种从全民族历史高度来处理两岸事务的气度和气势，体现了中央政府的庄严承诺。2016 年民进党"执政"后，蔡英文当局却否定"九二共识"，一系列"仇中""抗中""去中"的"两岸政策"和"台独"主张已渐失人心，其支持率一路下滑。台湾《联合报》显示：不满意台当局领导人蔡英文处理两岸关系表现的岛内民众数量比例由 2016 年的 48% 增加到 2017 年的 56%。[①] 一些学术研究观点认为：2012 年台湾地区民众的政治信任在各项指标中信任度最低的是"政党"；以人际信任作为文化主义视角来解释政治信任，相较于以宽泛的社会信任（WVS 提供的该项指标是指社会交往的"小心"程度）作为文化主义视角来解释政治信任，有较高的解释力。[②] 台湾学者认为："两岸社会交往存在诸多历史和现实的纠葛"，影响两岸社会交往问题产生的原因包括现实交流中的"未蒙其利、反受其害的群体与个人滋生新的不信任与不安全感"，以及"两岸民众由于历史隔阂和政客灌输所累积的对立情绪"。[③]

从历史阶段看，两岸社会交往分为以下几个阶段。第一个阶段（1987—1992 年）是个人往来阶段，这个阶段主要是台湾同胞以个人身份回大陆探亲，或是台湾农民和企业家来大陆创业。第二个阶段（1992—1995 年）是官方接触阶段，1992 年海协会与海基会开始正式商谈，11 月，"两会"达成各自以口头方式表述"海峡两岸均坚持一个中国"的共识（后称"九二共识"），随即两岸经贸交流、投资、旅游等活动相继展开。第三个阶段（1995—2000 年）是疏离阶段，1995 年李登辉"私人访美"，两岸之间的"导弹事件"发生后，两岸关系急转直下。第四个阶段（2000—2008 年）是关系停摆阶段，2000 年陈水扁"上台"后，民进党"台独"主张和做法造成两岸关系日益紧张。第五个阶段（2008—2016 年）是两岸关系恢复正常化阶段，2008 年国民党再次"执政"后，两岸关系逐步进入正常化，官方互动渠道再次开启，两岸交往密切度快速提升，签署了 ECFA 等一系列两岸关系制度化协议，推动了两岸关系和平发展。第六个阶段（2016 年至今）是关系再次停摆阶段，2016 年蔡英文"上台"后，民进党继续抛出"台独"主张，不承认"九二共识"，导致两岸官方交流机制再次中断。图 4.1 显示：在 30 多年中，两岸官方互动（用"G → G"表示）呈现出"瓶状"趋势变化，多跌宕起伏；两岸经贸交往（用"B → B"表示）、民间组织（用"O → O"

① 两岸关系年度大调查 [N]. 联合报，2017-11-20.
② 岳谱 . 台湾政治信任情况及影响因素——基于世界价值观调查的实证分析 [J]. 台湾研究，2015(1):43-54.
③ 周志杰 . 再寻两岸关系深化的动力 [J]. 中国评论，2011(6):14.

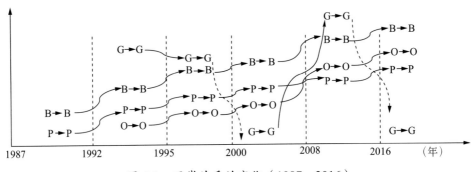

图 4.1 两岸关系的变化（1987—2016）

表示）以及个人交往（用"P→P"表示）仍在缓慢前行。事实说明：回归到经济和社会基本面，台湾需要与大陆紧密联动，两岸"社会交往"趋势仍在持续中。

从两岸关系发展历程看，双方社会交往包括四个层面，如图 4.2 所示。顶层是制度协商（执行主体是两岸官方机构）。2008 年 6 月至 2015 年 8 月，海协会与台湾海基会共签署 23 项协议，内容涵盖经济、产业、贸易、投资、科技、知识产权、交通、金融、人身保护等议题。制度协商是两岸累积政治互信的重要路径，也是开展社会交往的最重要的支撑。二是经济、产业与科技交流（执行主体是企业）。两岸经贸往来和产业相互投资是两岸"经济交往"的主要内容，同时科技交流也深嵌到经济合作中来，成为两岸产业合作升级的驱动力。从 1990 年起，两岸的经贸额不断增加。"陆资入岛"促成了两岸产业双向投资，科技产业已成为两岸产业合作最主要的组成部分。三是文化、教育与科技的民间交流。两岸关系几十年中，社会各领域的民间交流广泛。伏羲文化、中秋文化、元宵节、妈祖文化、关公文化是两岸民间交流的文化纽带。2016 年，敦煌研究院与台湾大学、台湾"中央研究院"组成的两岸研究团队通过 VR 技术完美重现莫高窟 61 号窟。两岸高校和中小学的交流互访也相当活跃，很多省市相继开展了体现地区特色优势的教育交流活动。四川省绵阳市有一所"南山中学"，台湾地区新北市也有一所"南山中学"，这两所学校在 2018 年结成了姊妹学校。在社会层面的两岸科技交流主要是两岸相关领域的科研机构、公会、协会、社会组织、高校等。四是民众个体交流，是指两岸旅游观光（如自由行）和两岸婚姻。2007—2008 年台湾来大陆旅游人数有所下降；2016 年后，大陆赴台观光人数下降较快。参见图 4.3。大陆赴台游对台湾经济的拉动性影响日益凸显。2008—2015 年，赴台游为台湾带来的实际经济效益高达 1200 亿美元。①2016 年到台湾旅游观光的大陆游客达到 284.5 万人次，占台湾旅游总人次的 38%；台湾居民赴大陆旅游达到 573 万人次；2016 年大陆配偶结婚登记数为 8600 多人。②

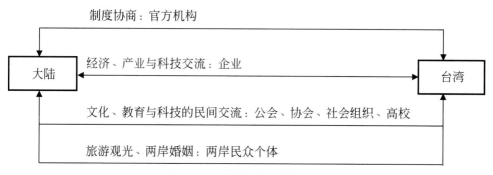

图 4.2　两岸关系的基本结构

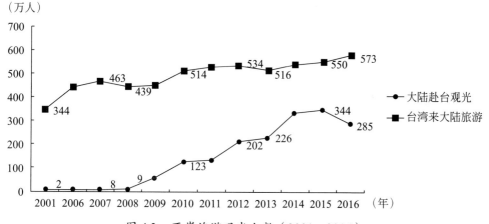

图 4.3　两岸旅游观光人数（2001—2016）

数据来源："2016 年台湾年鉴"。

以两岸科技交流活动的件数为指标，统计结果显示了两岸教科文卫等社会组织和高校在科技交流方面的活跃程度。虽然在 2005—2010 年出现了一定的波动，但 2010—2015 年两岸社会组织参与科技交流的件数呈现稳步上升趋势。参见图 4.4。

① 张洁.大陆居民赴台游与台湾经济增长的动态关系研究——基于 VAR 模型的实证分析 [J]. 现代台湾研究，2017(4):37-44.
② 台湾"行政院"主计总处."2017 年统计年鉴"[M].2018 年 9 月.

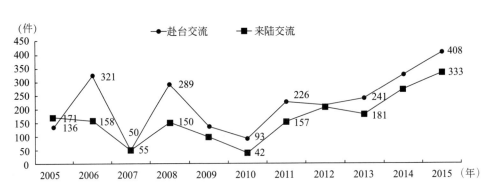

图 4.4 两岸科技、教育、文化、医疗、卫生等社会组织交流（2005—2015）

数据来源：笔者调查问卷。

4.2 两岸科技合作总体成效

正式的两岸科技交流合作开启于 1992 年。近年来，以会议、会展和访问交流等形式开展的两岸科技交流项目呈现逐年增加趋势。两岸科研机构和人员通过合作发表论文，推动了基础研究合作。专利合作体现了两岸科技创新主体，尤其是企业和科研机构在技术创新方面的活力和合作意愿。标准化合作体现出两岸在产业科技方面逐步融合创新的趋势。以"青创园"为载体的两岸青年创业创新合作，展示了两岸青年一代在科技交流上的未来潜力和期待。应当说，在 2016 年民进党"执政"前，从宏观制度到微观主体，从前沿技术到产业应用，从企业到院所，两岸科技交流合作在近些年来成效一直较为突出，年度指标有所提升。

从两岸科技交流形式看，举办论坛是其中的一种主要形式。如 2016 年 10 月在杭州举行的海峡科技论坛，由中国致公党中央委员会和浙江省政府联合主办，重点讨论了两岸科技园区、孵化器、大学园之间开展合作的形式。年度海峡两岸信息产业和技术标准论坛是一个品牌活动，每一年都会选择不同城市来讨论推动两岸信息产业和标准化合作的主要事项，围绕 TD-LTE/5G、智能制造、云计算、传感器等重点领域，推动两岸企业和研发机构在产品设计、生产制造、市场开拓和技术服务等方面进一步加强合作，实现两岸产业链条的有效衔接和综合推进。论坛成为两岸信息产业交流合作的一个重要标志，已发展成为两岸信息产业标准领域规模最大、参与企业众多、影响力最广的交流合作平台。

从两岸科技交流的地区分布看，产业集群化程度越高、与台湾地区产业上下游关联度越强的地区，交流就越密切。无锡市举行的海峡两岸半导体产业高峰论坛就是一例。无锡半导体产业经过多年的发展已形成了较为完整的产业格局，聚集了一大批集成电路设计公司、制造企业和封装测试企业，2005 年无锡半导体器件产量占长三角地区半导体制造业的 22%。在无锡半导体产业发展过程中，包括台湾地区在内的境外投资和技术是主要的推动力量，尤其是在全球半导体产业链中占有举足轻重地位的台湾地区，更是无锡重要的合作伙伴。举办这次论坛的目的，就在于通过学术交流增进了解，进一步探讨和扩大海峡两岸半导体产业的合作途径。2016 年 "浙江·台湾合作周" 凸显了杭州的 IoT 产业优势，在此期间举办了跨境电商、健康生技、信息经济专场对接会等系列活动。杭州作为全国首个跨境电子商务综合试验区，面向台商可以分享跨境电商的发展亮点和政策优势，推动台湾地区生产和销售商与杭州的跨境采购商、电商平台和服务商开展合作，从而推动两岸电子商务产业交流协作。福建省三明市是重要的林业城市，海峡两岸林业博览会在此举行，洽谈了 80 项林业及生物医药产业项目。这些实例表明，两岸科技交流合作具有广泛的区域合作基础条件和社会需求条件。

4.2.1　两岸科技交流项目

我们对除港澳台之外的 31 个省（自治区、直辖市）开展了两岸科技交流调查统计工作，问卷统计结果显示：截至 2016 年，大陆赴台湾科技交流共计 21 372 件，达到 14.2 万人次；台湾来大陆项目 6997 件，人次达到 7.1 万。两岸在 2005—2016 年的 11 年间，科技交流项目稳中有升，2016 年大陆赴台项目达到 620 件，台湾来大陆项目达到 695 件，达到最高值。参见图 4.5。

大陆赴台交流活动的主要形式是参观访问、两岸会议、国际会议与合作研究；台湾来大陆科技交流的主要形式是参观访问、讲学、两岸会议和合作研究。以 2015 年两岸科技交流为例，大陆赴台科技交流项目形式依次是参观访问（25.48%）、两岸会议（23.56%）、国际会议（20.13%）与合作研究（16.71%）。台湾来大陆交流的形式中，讲学所占的比例最大（28.94%），参观访问次之（24.62%），两岸会议（16.75%）和合作研究（12.44%）在其后。参见表 4.1 和表 4.2。

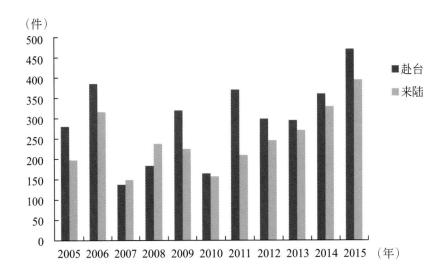

图 4.5 2005—2015 年间两岸科技互访项目数量

数据来源：两岸科技交流与合作统计分析调研问卷，笔者主持项目。

表 4.1 2015 年度大陆赴台科技交流形式类别及比例

形式类别	项目数（件）	百分比（%）
参观访问	119	25.48
两岸会议	110	23.56
国际会议	94	20.13
合作研究	78	16.71
技术培训	27	5.78
其他会议	22	4.71
其他展览	6	1.29
讲学	4	0.86
两岸展览	3	0.64
参观访问、合作研究	1	0.21
参观访问、两岸会议	1	0.21
合作研究、技术培训	1	0.21
合作研究、国际会议	1	0.21
总计	467	100.00

数据来源：两岸科技交流与合作统计分析调研问卷，笔者主持项目。

表 4.2 2015 年度台湾来大陆科技交流形式类别及比例

形式类别	项目数（件）	百分比（%）
讲学	114	28.94
参观访问	97	24.62
两岸会议	66	16.75
合作研究	49	12.44
其他会议	26	6.60
国际会议	20	5.08
技术培训	9	2.28
两岸展览	8	2.03
参观访问、两岸会议	2	0.51
合作研究、讲学	1	0.25
两岸会议、两岸展览	1	0.25
参观访问、合作研究、其他会议	1	0.25
总计	394	100.00

数据来源：两岸科技交流与合作统计分析调研问卷，笔者主持项目。

　　两岸高校和科研机构的交流活动占总数的近 80%，其次是协会、学会和基金会，两岸企业间的科技互访活动仅占不到 8%。仍以 2015 年为例。大陆赴台科技交流项目的执行主体依然是高等院校，占到总项目数的 50.74%，其后依次是独立科研机构，占到 32.12%，学会、协会、基金会等占 5.50%，企业占 2.36%。台湾来大陆方面，项目的主要载体也是高等院校，由高等院校独立发起的交流项目占到总项目数的 66.75%，其次是学会、协会、基金会等，占 9.14%，独立科研机构占 8.88%，企业占 5.08%。参见表 4.3 和表 4.4。

表 4.3 2015 年度大陆赴台科技机构类型分布

	高等院校	独立科研机构	其他	学会、协会、基金会等	企业
项目数（件）	237	150	48	21	11
人员数（人）	891	422	328	1113	8972
占赴台人数的比重（%）	7.60	3.60	2.80	9.49	76.51

数据来源：两岸科技交流与合作统计分析调研问卷，笔者主持项目。

表 4.4　2015 年度台湾来大陆科技机构类型分布

	高等院校	学会、协会、基金会等	独立科研机构	其他	企业
项目数（件）	263	36	35	24	20
人员数（人）	1581	426	83	752	97
占来陆人数的比重（%）	48.11	12.96	2.53	22.88	2.95
	高等院校；其他	高等院校；企业；学会、协会、基金会等	高等院校；学会、协会、基金会等	高等院校；企业	高等院校；独立科研机构；企业
项目数（件）	7	2	1	1	1
人员数（人）	26	187	18	5	15
占来陆人数的比重（%）	0.79	5.69	0.55	0.15	0.46
	独立科研机构；其他	高等院校；学会、协会、基金会等；其他	高等院校；独立科研机构；企业；学会、协会、基金会等	高等院校；独立科研机构；企业；学会、协会、基金会等；其他	
项目数（件）	1	1	1	1	
人员数（人）	12	53	6	25	
占来陆人数的比重（%）	0.37	1.61	0.18	0.76	

数据来源：两岸科技交流与合作统计分析调研问卷，笔者主持项目。

　　国家自然科学基金委员会（NSFC）与台湾地区"李国鼎科技发展基金会"2008 年开始联合设立研发基金，资助重要领域的基础研究和应用研究，每项基金资助周期为三年，平均年度资助数量在 4~7 项。[1]2014 年共资助了 12 项，2015 年共资助了 8 项，2016 年共资助了 7 项。[2] 这些领域主要集中在民生科技，如农业、健康、地震减灾等，这体现出两岸的科技共识与需求。

　　在空间分布上，福建省、江苏省、山东省、北京市和上海市是两岸科技交流活动的主要活跃地区。赴台交流项目主要集中在福建、北京、上海和广东等地。两岸科技合作没有实现大陆区域的全覆盖，交流项目过于集中，科技合作在空间分布上出现了异质化特征。很多地区尚未开展实质性的科技合作，不利于两岸在地区上广泛寻找科技合作空间，无法为两岸高技术产业提供持续的支撑动力。参见图 4.6。

---

[1]　事实上，在 1992 年启动两岸正式科技交流以来，国家自然科学基金委员会就开始与台湾"中央研究院"和"李国鼎科技发展基金会"多次进行交流互访，为两岸科技交流合作作出了重要的积极的贡献。

[2]　数据来自国家自然科学基金委员会 NSFC 基金网站。

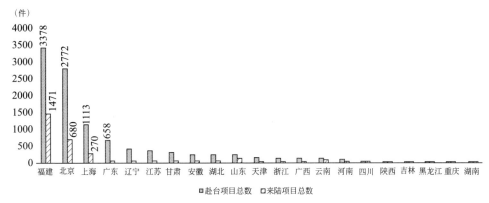

图 4.6 两岸交流活跃地区的科技项目情况（1989—2015）

数据来源：两岸科技交流与合作统计分析调研问卷，笔者主持项目。

两岸科技合作的学科分布从基础学科逐步向应用技术学科，再向高技术的基础性研究领域以及新兴产业领域转变。学科分布广泛，并高度关注紧扣时代主题的各种导向型的技术需求和战略高技术需求。从 2015 年大陆赴台项目的学科分布来看，管理学所占比例最大（7.07%）；台湾来陆项目的学科分布是土木建筑所占比例最大（9.16%）。参见表 4.5 和表 4.6。

表 4.5 2015 年度大陆赴台交流项目的学科领域分布

学科领域	项目数（件）	百分比（%）
管理学	33	7.07
电子、通信与自动控制	30	6.42
生物学	31	6.64
化学	22	4.71
地学	21	4.50

数据来源：两岸科技交流与合作统计分析调研问卷，笔者主持项目。

表 4.6 2015 年度台湾来大陆交流项目的学科领域分布

学科领域	项目数（件）	百分比（%）
土木建筑	36	9.16
生物学	33	8.40
管理学	30	7.63
环境科学	29	7.38
材料科学	23	5.85

数据来源：两岸科技交流与合作统计分析调研问卷，笔者主持项目。

从各学科领域的人员强度（每项目的参加人员数）来看，2015 年大陆数学领域赴台科技交流人员强度第一，交流人数为 1014 人；土木建筑领域的台湾来大陆科技交流的人员强度最大，为 313 人。参见表 4.7 和表 4.8。

表 4.7　2015 年度大陆赴台交流项目的学科领域的人员强度

学科领域	人员强度（人）	学科领域	人员强度（人）
数学	1014	管理学	110
电子、通信与自动控制	1013	交通运输	84
农学	145		

数据来源：两岸科技交流与合作统计分析调研问卷，笔者主持项目。

表 4.8　2015 年度台湾来大陆交流项目的学科领域的人员强度

学科领域	人员强度（人）	学科领域	人员强度（人）
土木建筑	313	生物学	174
地学	196	管理学	152
电子、通信与自动控制	175		

数据来源：两岸科技交流与合作统计分析调研问卷，笔者主持项目。

两岸科技交流的成果体现在论文著作、研究（咨询）报告、新产品（或农业新品种）、新装置、新材料、新工艺（或新方法、新模式、计算机软件）等形式。从 2015 年两岸科技交流的统计情况来看，赴台交流和台湾来大陆交流产生上述形式研究成果的项目数分别为 158 项和 87 项，参见表 4.9。

表 4.9　2015 年度两岸科技合作成果形式

成果形式	大陆赴台交流项目数	台湾来大陆交流项目数
论文著作	83	26
研究（咨询）报告	54	41
新产品（或农业新品种）	7	3
新工艺（或新方法、新模式）	6	10
新材料	3	2
计算机软件	2	4
新装置	3	1

数据来源：两岸科技交流与合作统计分析调研问卷，笔者主持项目。

4.2.2 两岸专利合作

大陆自 1988 年起开始执行对台胞专利申请的便利化条件。相比之下，2011 年台湾"经济部"智慧财产局才开始放宽大陆居民赴台申请专利和商标注册，其规定是在台湾地区有住所或营业场所的大陆申请人，可以直接向台湾地区智慧财产局申请专利。从制度便利化角度看，2008 年两岸组建专利论坛后，两岸专利工作组定期会晤，相互受理优先权请求。同时，大陆向台湾同胞开放了专利代理人资格考试，为两岸加强知识产权保护、推动知识产权运用、加速知识要素流动提供了保障，促进了两岸产业界的合作共赢，为推动两岸经济、贸易、科技、文化的全面发展发挥了重要作用。目前，在提升审查效率、清理专利积案以及"专利审查高速公路制度"（PPH）上，台湾应该与大陆加强交流互动。

截至 2015 年，两岸均有互申与互授专利案件。台湾在大陆申请专利数量达到 19 231 项，授权专利 13 821 项，其中发明专利件数达到 50% 以上，企业专利占到 90% 以上。[①] 两岸专利合作虽然是双向的，但是在数量上却并不均衡。大陆向台湾申请专利的数量远远少于台湾向大陆申请专利的数量。参见图 4.7。

图 4.8 显示了近几年台湾在大陆申请和授权专利的年度情况。从中可见，台湾向大陆申请专利总数总体呈下降趋势；台湾在大陆获得授权专利数量基本保持平稳。这说明了台湾组织或者个人向大陆申请专利的质量不断提升。

图 4.9 显示：从 2012—2015 年，台湾地区从包括中国知识产权局在内的世界几大专利局获得的发明专利授权数量中，中国大陆和美国是主要的两个授权地区。大陆为台湾地区的发明专利提供了巨大的转化空间。

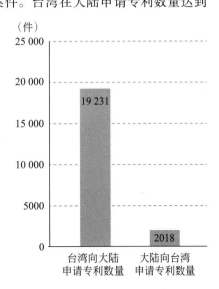

（件）

图 4.7　2015 年两岸互申发明专利数量对比图

数据来源：国家知识产权局统计年报 2015。

---

① 国家知识产权局.国家知识产权局统计年报 2015[EB/OL].国家知识产权局网站.http://www.sipo.gov.cn/gk/ndbg/.

图 4.8　台湾向大陆申请专利数量与台湾在大陆获得授权专利数量对比图

数据来源：国家知识产权局统计年报 2014、2015。

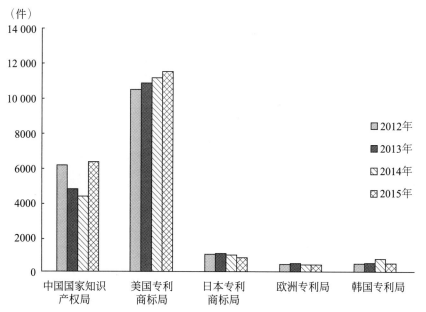

图 4.9　中国台湾从世界主要专利机构获得发明专利授权的情况（2012—2015）

数据来源：台湾"经济部"智慧财产局。

从发明专利的申请单位看，台湾企业是主要的申请主体。以 2014 年和 2015 年数据为例，2014 年，台湾企业向大陆申请的发明专利为 10 112 件，占到职务发明专利约 96%；2015 年，台湾企业向大陆申请的发明专利为 13 688 件，占到职务发明专利约 95%。这说明了台湾企业是向大陆申请发明专利的主力军。参见图 4.10。

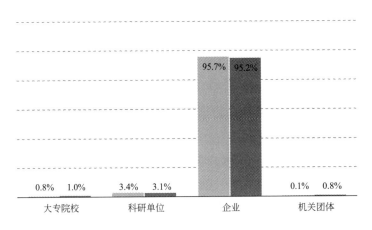

图 4.10　2014 年与 2015 年台湾地区职务发明专利申请的比重构成

数据来源：国家知识产权局统计年报 2014、2015。

从中国大陆向中国台湾及美国、日本和欧洲专利局申请并获得授权的专利数量看，台湾地区批准的大陆专利授权数量不多。以 2015 年为例，大陆地区向美国 USPTO 申请专利达到 15 093 项，向台湾地区仅申请了 2018 项。参见图 4.11。这种情况表明：台湾授权给大陆的专利数量远少于大陆授权给台湾的专利数量。

2010 年 6 月《海峡两岸知识产权保护合作协议》签署，并于当年 9 月 12 日生效。在相互受理包括专利、商标和植物新品种的优先权的相关主张和争议解决上，发挥了重要的制度性纽带作用。截至 2018 年 12 月 31 日，大陆受理台湾的专利优先权 40 993 件；台湾受理大陆专利优先权 24 983 件；在商标、著作权和植物新品种几个方面也建立了工

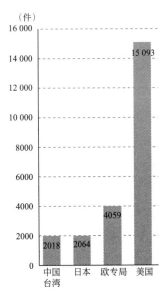

图 4.11　2015 年中国大陆向中国台湾及美日欧申请专利情况

数据来源：国家知识产权局统计年报 2015。

作组机制。①

4.2.3 产业标准合作

当前，经济全球化和区域经济融合的进程在不断加快，大陆和台湾都处在全球产业分工的深度变革中。技术标准对产业发展与科技创新的引领作用日益突出，拥有共同的技术标准已成为产业合作的前提和基础。两岸共同标准不仅是两岸产业界发展的共同诉求，也是增强两岸科技创新实力的重要载体。台湾产业界认为：除了应该在两岸都认为重要的产品标准及产品检测认验证方面继续加深交流与合作外，若能在产业标准的研究制定及检测认验证上建立适当的交流合作机制，简化检测认验证的程序，减少时间和金钱的耗费，将十分有利于台湾和大陆彼此的产品贸易互通。

目前，大陆推动两岸共通标准的机构包括国家标准化管理委员会、中国质量认证中心等，台湾方面推动两岸共同标准的机构包括台湾经济主管部门、工业技术研究院，此外还有双方的主要行业协会组织。自 2005 年至 2016 年，两岸产业界在 TD-LTE、半导体照明、平板显示、太阳能光伏、云计算、锂离子电池等领域的交流与合作全面深化，累计达成了 320 项产业共识，颁布了 38 项两岸共通技术标准。②

国家标准委的公开数据显示：截至 2016 年 5 月，两岸正式签署的共通标准规范达到 21 项；在信息产业、LED、5G 等技术领域达成了几百项共识，签署了几十项两岸合作备忘录。其中《LED 视觉作业台灯》《电子纸显示器件光学性能测试方法》《晶体硅光伏组件用减反射镀膜玻璃规范》等半导体照明、平板显示技术及太阳能光伏 3 个领域的 10 项共通标准是两岸在信息产业领域的重要共通标准。尽管如此，台湾当局对与大陆专利和标准的合作仍有诸多顾虑和限制，开展了为数众多的调查。台湾"经济部"智慧财产局网站资料显示：从 2010 年 4 月到 2015 年 11 月 30 日，台湾对大陆展开调查的原始案件数共 2112 件，其中通报大陆的案件总数为 1193 件，分属 59 个通报批次，其中以玩具类商品通报次数最多，约占整体通报案件之近半数（499 件，42%）。③

---

① 数据来自台湾"经济部"智慧财产局公报，"两岸相互承认优先权"。
② 两岸信息产业界公布 7 项共通标准和云计算案例汇编 [EB/OL].(2016-09-06). http://www.sohu.com/a/113703083_114891.
③ 数据来自台湾"经济部"智慧财产局网站公告。

2016 年以来，两岸关系发生重大转折，官方沟通机制基本停摆。即便如此，大陆对两岸科技交流一直持开放包容的态度，对台资企业在大陆的转型升级和发展不断释放善意、提供帮助。在 2008—2015 年两岸科技交流形势向好的年份中，两岸标准化合作得到了较大程度的发展。2014 年和 2015 年是两岸标准化交流合作发展成效最为显著的一个时间段。两岸年度召开的"海峡两岸标准计量检验认证及消费品安全研讨会"，促进了两岸在标准化领域的合作。台湾在两岸标准合作方面希望能达到共定互利标准、创造经贸双赢的目标。参见表 4.10。

表 4.10　截至 2015 年两岸共通技术标准　　　　　　　　项

产业领域	2012 年	2013 年	2014 年	2015 年
纺织品	1	6	8	5
信息产业（TD-LTE、LED、5G）	5	8	10	8
能源（太阳能光伏）			2	

数据来源：两岸标准化统计网。

2014 年，中国电子工业标准化技术协会、中国通信标准化协会与华聚产业共同标准推动基金会在"海峡两岸信息产业和技术标准论坛"上发布了《室内一般照明用 LED 平板灯具》及《LED 视觉作业台灯》共通标准文本，2015 年已各自申请进入行业标准的行政审查程序，成为两岸官方共通标准互认的基础。台湾四家实验室（金属工业研究发展中心、台湾工业技术研究院量测中心、台湾电子检验中心及台湾大电力研究试验中心）在 2013 年与中国质量认证中心签署了 LED 路灯产品的自愿性产品认证检测合作合同。

2015 年，福建自贸试验区首单跨境电子商务入境货物在平潭顺利通关，福建在平潭口岸率先采信台湾认证和检验检测结果成效初显。采信台湾认证和检验检测的实施对从台湾进口商品提供了更多便利，特别是对需 CCC 认证等国家强制性要求的台湾进口商品，简化了进口的前置条件，通过平潭口岸登陆的进出口台湾商品无须重复认证和检测，大大降低通关成本。2015 年在台湾花莲举行了两岸机动车辆审验专业组会议，已达成 7 项共识，完成了汽车头灯所涉及的灯具法规的差异性识别，双方检测机构均具备了执行对方检测标准的能力。

2015 年中国质量认证中心与台湾工业技术研究院签署光伏产品认证合作意向书。根据合作协议内容，两岸相关技术机构将在电子元器件和光伏产品等检测认证、共通技术标准制定、公共服务平台建设等领域展开合作，从而降低台湾企业进入大陆市场的成本。中国质量认验中心与台湾电子检验中心（ETC）在成都签署了策略伙伴关系备忘录，降低了台湾企业进入大陆市场的成本，促进两岸经贸优势互补和提升市场空间。在《海峡两岸标准计量检验认证合作协议》框架下，根据海峡两岸认可（认证）技术专业组合作方案，两岸的认可机构也开展了多项能力验证计划和技术交流。

2014 年，中国合格评定国家认可委员会（CNAS）认可的能力验证提供者（PTP）可以直接为中国台湾地区相关实验室服务，能力验证结果将在台湾地区获得承认。截至 2014 年 8 月，已有 12 家获得 CNAS 认可的 PTP 在中国台北认可机构（TAF）公布的能力验证名单中。[①]

4.2.4　两岸基础研究合作

基础研究能力体现了国家和地区在前沿科技领域的核心竞争力。国际上以文章发表数量作为通行的测度方法，其中，SCI 论文是主要的一项指标。本书根据 Web of Science™ 核心合集网络数据库的数据统计，研究结果显示：2016 年，SCI 共收录大陆地区论文 316 682 篇，台湾地区论文 27 495 篇，其中两岸论文被收录 2933 篇。2016 年大陆地区科技论文增长率为 6.36%，台湾地区则出现下降情况，降幅为 1.87%。在两岸科技论文 SCI 收录出现小幅增长的情况下，2016 年两岸合著科技论文增幅相比 2015 年的 11.96% 上升为 15.65%。参见图 4.12。

物理学、工程学、化学和材料科学是两岸科技文献合作的主要领域。大陆参与度最高的机构包括中国科学院、中国科学院高能物理研究所、香港中文大学、中国科学技术大学、北京大学、中山大学和上海交通大学；台湾参与度最高的机构包括台湾大学、台湾"中央研究院"、台湾清华大学、台湾"中央大学"和成功大学，参见表4.11。此外，第三方海外科研机构也逐渐成为两岸科技文献的不可忽视的主体，参见表4.12。

---

① 中国国家认证认可监督管理委员会 . CNAS 认可的能力验证提供者在中国台湾地区获得承认 [EB/OL].
http://www.cnca.gov.cn/xxgk/hydt/201408/t20140801_36109.shtml.

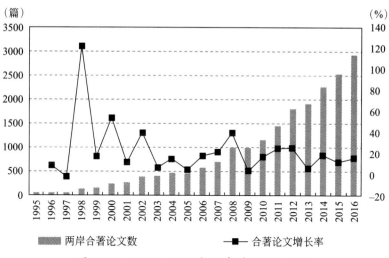

图 4.12　1995—2016 年两岸科技论文数量

数据来源：Web of Science™ 核心合集网络数据库。

表 4.11　2016 年两岸机构活跃程度排名（以合作发表文章数为例）

排名	台湾方面	合作发表数量（篇）	参与度（%）	大陆方面	合作发表数量（篇）	参与度（%）
1	台湾大学	564	19.23	中国科学院	592	20.18
2	台湾"中央研究院"	398	13.57	中国科学院高能物理研究所	252	8.59
3	台湾清华大学	317	10.81	香港中文大学	243	8.29
4	台湾"中央大学"	233	7.94	中国科学技术大学	223	7.60
5	成功大学	209	7.13	北京大学	219	7.47
6	中国医药大学（台湾）	183	6.24	中山大学	212	7.23
7	台湾交通大学	165	5.63	上海交通大学	211	7.19
8	台湾中山大学	107	3.65	清华大学	203	6.92
9	阳明大学	75	2.56	香港大学	189	6.44
10	台北医学大学	74	2.52	中国医科大学	187	6.38
11	台湾中原大学	67	2.28	山东大学	162	5.52
12	台湾师范大学	66	2.25	南京大学	143	4.88
13	台湾科技大学教育研究所	59	2.01	香港科技大学	75	2.56

排名	台湾方面	合作发表数量（篇）	参与度（%）	大陆方面	合作发表数量（篇）	参与度（%）
14	台湾海洋大学	39	1.33	厦门大学	62	2.11
15	中兴大学	39	1.33	浙江大学	58	1.98

数据来源：Web of Science™核心合集网络数据库。

Web of Science 数据库中的数据也显示了第三方的海外科研机构参与情况。从发表数量看，2016 年两岸合著论文的作者所在机构共有 2934 家，只有不到 200 家属于大陆科研机构和台湾科研机构，绝大部分都为第三方的海外机构。表 4.12 提供了第三方的海外机构参与度情况。与两岸活跃度高的机构相比，排名第一的美国加州大学系统仅在中国科学院、台湾大学、台湾"中央研究院"之下，更是高过了台湾清华大学、中国科学院高能物理研究所和香港中文大学。而美国能源部、俄罗斯科学院、德国亥姆霍兹联合会和法国国家科学研究中心等 24 个机构（参与度均在 8.29% 至 10.09% 之间），不仅在中国科学技术大学（7.60%）和台湾"中央大学"（7.94%）之上，更是远高于两岸的其他科研机构。由此可见，海外科研机构在两岸基础研究合作中发挥了较大作用。这一方面反映出两岸科技交流与国际科技合作有紧密联系，另一方面也揭示出仅有两岸科研机构而无第三方的海外机构进行合作研究的比例有下降趋势。

表 4.12　2016 年两岸合著论文中第三方海外机构参与度

第三方海外机构	参与文献数（篇）	参与度（%）
美国加州大学系统	338	11.52
美国能源部	296	10.09
俄罗斯科学院	292	9.96
德国亥姆霍兹联合会	288	9.82
法国国家科学研究中心	281	9.58

数据来源：Web of Science™核心合集网络数据库。

4.2.5　台湾地区青年创业园区建设

大陆始终高度重视两岸青年交流。大陆广阔的市场和商机为台湾青年来大陆创业就业提供了契机。尤其是近些年，台湾经济受到全球经济总体态势的影响，岛内发展空间有限，台湾青年选择到大陆来就业创业的意愿愈发强烈。据不完全统计，截至 2017 年，在大陆工作的台湾人超过 42 万人。自 2014 年 11 月至 2016 年 11 月，在大陆就业创业的台湾青年已达 6000 人。同期，在大陆各类岗位实习的台湾青年已超过 20 000 人。两岸青年交流的人数规模和互访频率仍保持在较高水平。[①]

我们正在积极搭建台湾青年创业平台和基地，吸引广大台湾地区年轻人来大陆发展，在政策便利性、生活环境和福利、就业渠道等方面为其提供最优化的措施。自 2015 年国台办在上海、北京、江苏和福建等地设立两岸青年创业基地以来，在大陆的台湾青年创业人员呈现不断增加态势。截至 2017 年，大陆的台湾青创基地已达到 53 个。[②] 在推动台湾青年创业平台的建设上，也颇具地区特色。例如清华科技园对台湾青年具有很强的吸引力；浙江特色小镇为两岸青年特别是台湾青年来大陆就业创业提供了平台；深圳创客数量多，台湾年轻人入园意愿很强烈。

台湾青年人在动漫、音像、传媒、广告、视觉艺术、表演艺术、环境艺术、服装设计这些文化创意产业上具有较强的创造力和创业激情。但是，台湾地区市场容量有限，这些怀揣创业梦想的年轻人很难在短期内找到发展舞台。大陆给台湾青年人提供的这些创业园和创业基地，通过政策扶持和环境培育，激发了他们的创业活力。对于首次来大陆发展的台湾青年来说，借助园区的载体服务和资金支持，他们可以更好地了解大陆，为日后扎根大陆创业发展提供前期准备。而对于那些老一代大陆台商后代的这群年轻人来说，他们当中很多人就是在大陆台商子弟学校长大的，是两岸交流的使者，既能够更便利地与刚到大陆发展的台湾青年交流，也能够与大陆青年一起开创事业，将自身融入祖国发展大局。因此，有效地保护、激发和持续支持这些台湾青年在大陆接受教育并实现创业发展，是两岸科技交流，也是两岸青年交流中的重要一环。

① 刘澈元 . 中国大陆吸引台湾青年就业创业成就显著 [EB/OL].(2017-10-17). http://www.taiwan.cn/plzhx/zhjzhl/zhjlw/ 201710/ t20171017_11853300.htm.

② 李应博，殷存毅 . 当前形势下两岸科技交流与创新融合前瞻 [J]. 台湾研究，2018(6):46-53.

4.3 两岸科技交流合作的主要特征

4.3.1 两岸科技交流从市场驱动向创新融合转型

台湾高科技企业出于生存与发展之需对大陆进行投资，大陆则出于经济发展与产业升级的考虑，高度依赖于投资驱动型的高科技制造业，大陆各地政府建立了大量高新技术工业园区，提供土地、税收等各种资源来吸引外来投资，双方在利益上的一致是过去多年来两岸高科技产业合作得以达成的重要原因。两岸高科技产业发展阶段的差异性，使得双方在资本、技术、劳动力、管理、市场等方面高度互补，两岸交流很便利，市场机制成为两岸高科技产业合作的最主要的驱动因素。

当前，全球产业价值链的空间分布和经济地理版图正在悄然改变。台湾曾有的关键核心产业竞争力也在一点点消逝。如在移动设备上，深圳产业链的完备性已经远超台湾；三星、华为这样的跨国大企业的上下游整合能力使台湾地区传统的环节代工厂商优势不再。此外，高通、苹果以及其他芯片制造企业也开始打起价格战和专利战，同台湾企业竞争市场份额。从台湾科技行业内部来看，台积电的晶圆代工、联发科的 IC 设计，以及宏达电、富士康、宏碁的系统厂商，甚至连已经转移出台湾的华硕、技嘉和微星等主机板厂商，以及台达电的电源供应器都越发难以适应全球市场的剧烈变化。当年的那些高科技产业，已经变成了今天的传统行业，在这个领域，依靠大规模生产、低价格抢订单的模式已经落伍。台湾产业科技布局近来更关注 3D 集成电路关键技术、嵌入式软件生活服务平台、ICT 应用关键材料及软件、高阶绘图与视讯软件、高阶量测仪器技术、智慧网络、医疗电子、先进感知网络与感知平台技术、智慧电动车通信技术、互动显示技术等领域。

两岸经济社会融合发展应在发展中促进两岸经济关系动能转换，增强两岸经济发展的创新驱动力。两岸的科技合作，需要在科技创新资源流动、科技创新目标共识、科技创新制度衔接，以及创新文化包容等方面得到推进，从而实现两岸创新融合发展。关于两岸融合发展的政策主张，2014 年 11 月习近平总书记在福建考察平潭综合实验区时首次提出。2016 年 11 月，习近平总书记会见时任国民党主席洪秀柱时，提出"促进两岸经济社会融合发展"。2016 年之前，两岸科技交流合作进入一个快速发展时期，合作领域日趋广泛，交流形式越发多样，合作渠道不断拓宽。两岸青年科技人才交流活动也日趋频繁。台湾大学生到大陆高新区和企业实习、台湾青年参与大陆创新创业大赛等两岸青年交流的活动更加频繁。"海峡两岸科技论坛""两岸产业技术前瞻论坛"等科技交流平台对于整合两岸优势资源、聚焦两岸热点问题、提升两岸科技合作水平也起到了重要作用。一批海峡科技园区和对台科技合作基地的建设，已成为两岸科技合作与成果转化的重要载体。同时，近几年两岸在半导体照明、移动通信、农业食品安全等涉及民生领域的研发合作方面取得实质性进展。

4.3.2　两岸科学家在前沿科技和基础研究合作中发挥了科技治理的主体作用

当今在科学研究、产业创新和科技决策中，科学家作为科技治理的主体作用越来越显著。如何整合科学家的技术工具理性与公共价值理性，是科技治理中的关键问题。从历史制度主义角度看，两岸科技合作是糅合着科学理性和国家与民族情感的历史过程，这其中既有科学家们对彼此科学发展的尊重与互学互鉴的迫切需求，也是两岸在隔绝 40 年后大陆与台湾科学家回归祖国统一的强烈情愫。1992 年 6 月，以张存浩为团长的第一批大陆杰出科学家一行 12 人，在台湾清华大学教授沈君山先生的力邀下，在国家自然科学基金委、国家科学技术委员会和国台办的积极支持下，成功访问台湾。代表团团员中有生物学家谈家桢院士，医学家吴阶平院士，生物化学家邹承鲁院士，农业学家卢良恕教授，物理学家华中一教授，邹承鲁院士夫人、物理学家李林院士等。此后两年中，国家自然科学基金委又办理了包括时任人大常委的吴阶平、农业部部长何康等在内的第二批和第三批大陆杰出科学家访台事宜。[①]自 1992 年以来，两岸科学家在双方科技合作中就一直表现活跃。科技部、国家自然科学基金委在促进两岸科学家交流上也作出了大量努力。

大陆科技资源总量丰富，台湾在一些核心技术领域具有基础研究优势和产品化优势。两岸在生命科学，尤其是基因组学和生物技术领域建立了较好的研究基础和研究团队。2012 年 12 月，"海峡两岸生命科学论坛"汇聚了中国科学院与台湾"中

---

① 访问团一行访问了台湾"中研院"、台湾工业研究院等有关研究所和台湾大学、台湾清华大学、台湾交通大学、东吴大学等高等院校，并赴花莲、台南、新竹等地参观了农村、医院及中小企业。"海峡两岸都是中国人，同文同种同一个根，过去军事对抗，后转为冷战，现在是加强交流，谋求统一，这是大势所趋，人心所向。""将近半个世纪的隔离，存在着相当程度的隔膜，通过学术交流，这种尊重学术的共同传统，是冲破这种隔膜的最好途径，此行突破了两岸科技交流的瓶颈，值得珍惜。"台湾很多高层人士如蒋彦士、陈履安、毛高文、郭南宏、赵耀东、李焕等都以民间的身份参加了活动。参见国家自然基金委员会成立 20 周年专题，http://www.nsfc.gov.cn/nsfc/20znzt/zhengwen_50.htm.

央研究院"的生命科学领域专家，以"基因组学与生物学前沿"为主题，针对基因组学和生物学的学科发展，及其对生命科学前沿领域的推动作用进行了交流。"2011海峡两岸生物医用材料研讨会"以"新型生物医用材料的热点及前沿科学问题"为主题，围绕生物医用材料领域的最新成果进行了交流。两岸在气象、减灾、天文和数学等基础学科领域的合作由来已久，两岸科学家开展了积极互动。两岸气象学领域的知名专家学者在 2012 年 12 月召开了"海峡两岸气象科学技术研讨会"，就加强两岸气象资料交换与共享、联合开展气象科学试验研究、提高两岸民众生活品质等主题展开了讨论。2017 年"京台青年科技工作者联席会议"工作机制全面启动，北京农学会、中关村民营科技企业家协会、台湾中华青年企业家协会、台湾青年联合会、台湾淡江大学科学教育中心等机构正式加入联席会议机制。2019 年"京台青年科学家论坛"上，有近 300 位两岸青年科学家、企业家围绕防灾减灾与冬奥设施保障、智慧测绘、建筑遗产保护、乡村振兴与美丽乡村建设等话题进行了讨论。①

4.3.3 两岸科技凸显"新兴产业"和"民生科技"主题

"十二五"期间，"创新驱动"下的战略性新兴产业发展和现代服务业发展，是我们转变经济发展方式的政策主轴。台湾近些年推动的科技计划，目的也是在包括ICT 在内的新兴产业寻求转型升级之道。台湾"经济部"提出的"三业四化"策略，体现了近年来台湾在产业创新和技术政策方面的发展诉求。因此，从 2012 年开始，两岸科技交流与"新兴产业"和"民生科技"相互融合的特征非常明显。2012 年是ECFA 早收清单生效实施的第二年，两岸在高新技术领域的合作得到了进一步强化。如 2012 年 4 月在厦门由国家自然科学基金委员会、科技部海峡两岸科技交流中心和台湾李国鼎科技发展基金会共同举办了"海峡两岸新能源科技研讨会"。始于 1998年的"京台科技论坛"，在 2012 年突出了台湾品牌的主题，在科技创新、现代服务业、精致农业和城市精细化管理四个领域加强合作，成为两岸之间经济科技交流合作重要的平台之一。同年，台北贸易中心与大陆高新技术厂商就智能手机和平板电脑的精密配件、环保节能汽车配件等产业技术开始了洽谈合作。在大陆地理信息产业以每年 30% 的速度持续快速增长的背景下，广州召开"2012 中国地理信息产业大会暨

---

① 中新网 . 2019 年京台青年科学家论坛在北京举办 [EB/OL]. (2019-08-13). http://www.chinanews.com/tw/2019/08-13/8925273.shtml.

第七届海峡两岸 GIS 研讨会"，两岸地理学界针对推进智慧城市和数字城市建设进行了研讨。

在农业科技和科普知识传播领域，两岸科技交流更加注重突出民生主题。2012年台北举办"第三届两岸科学传播论坛"，持续推动两岸科学技术在公众之间的传播。此外，由福建省农科院、中国农科院、台湾 21 世纪基金会、万家财富集团等机构共同投资 15 亿元人民币成立的海峡（厦门）现代农业研究院有限公司，联合院士专家团队、台湾和大陆一流企业，组建农业物流和科技研发公司，对接产业深度合作实体平台，开展尖端技术商业化研发，孵化生物育种、安全食品等四大核心产业。2012 年 11 月，江苏高科投资集团与台湾中华开发工业银行签署合作备忘录，落实双方合作框架，计划通过设立首期 10 亿元人民币私募股权投资基金，嫁接台湾产业优势，促进大陆新兴产业发展，推动两岸经济合作，取得了阶段性成果。

4.3.4　科技交流呈现出"东部为主，向中西部转移"的趋势

两岸科技交流项目具有典型的空间分布特征。科技交流一直以东部沿海地区，主要是长三角和珠三角地区为主。2010 年"十二五"规划指出：战略性高技术和新兴技术产业的商业模式创新前景宽广。科技驱动型新兴产业成为大陆 FDI 的热点领域，同时也是大陆台商推动产业转型升级策略中的重点领域。台湾地区在岛内科技转型方面，也希望能够寻找到有利于技术落地的更广阔的市场空间和区域空间。大陆赴台交流项目主要集中在北京、福建、上海和江苏等台商活跃地区，且数量持续增加。台湾来大陆进行项目交流合作则从北京、福建和上海逐步向新兴城市和中西部地区转移。

同时，地方政府在两岸科技交流方面表现出了前所未有的关注度。很多地方政府意识到台湾地区在新兴技术工程化、商业模式和全球生产网络方面所具有的独特的环节优势，因此与台湾合作的热度很高。如久负盛名的"京台科技论坛"就聚集了台北世贸中心、台湾工业总会、台湾区电机电子工业同业公会等多家台湾产业科技团体。福建省三明市在"第七届海峡两岸林业博览会"上围绕清流苗木花卉、永安现代竹业、明溪生物医药等 10 个示范基地开展了目标招商活动。厦门市在 2012年"第三届两岸产业技术论坛"上与台湾企业讨论了"微电子技术"和"新能源与新材料技术"的合作。常州市人民政府与台湾区照明灯具输出业同业公会在半导体照明（LED）产业交流对接会上签署了合作备忘录。"第九届海峡两岸信息产业和技术标准论坛"上，中国通信标准化协会、中国电子工业标准化技术协会和华聚产业

共同标准推动基金会就移动互联网、移动智能终端、软件即服务等热点问题进行讨论。这个论坛在推动两岸半导体照明、平板显示技术、太阳能光伏、锂离子电池、汽车电子、TD、三网融合、泛在网 / 物联网等议题的交流互动上发挥了积极作用。此后，签署了两岸 TD-LTE 合作备忘录，曾计划发布半导体照明、平板显示技术、太阳能光伏等领域的相关共通标准。

4.3.5　两岸科技园区交流密切

两岸直接在研发环节和技术服务环节开展科技合作与交流，主要是通过大陆台资与大陆内资在产业链上下游配套环节或者是两岸间的技术贸易而实现"技术溢出"。两岸在科技产业合作上不断深化，一方面表现在基于大陆的两岸产业园正在进行知识型招商引资。另一方面，两岸科技合作越来越多地采用合同式管理模式，通过签署合作协议开展研发合作，这主要体现在两岸产业界、高校和研究单位之间逐步开展更加广泛的合作。大陆开展的产学研协同创新则更加有利于台湾地区充分利用自身的产学研合作优势和下游产业单位成果转化能力、科技园区服务能力和专利布局能力，开展相应合作。

建立两岸科技园区是大陆制定的一项重要制度安排，为推动两岸科技与产业交流往来作出了积极贡献。南京海峡两岸科技工业园（成立于 1995 年）、沈阳海峡两岸科技工业园（成立于 1995 年）和成都海峡两岸科技产业开发园（成立于 1998 年）是我国成立较早的，经国务院台湾事务办公室、国家科技部正式批准的，享受国家级高新技术开发区的各项优惠政策的海峡科技园区。2018 年 9 月，湖北海峡两岸产业合作区武汉产业园，在东湖高新区授牌。湖北海峡两岸产业合作区由国务院台办、国家发改委、商务部、工信部四部委联合批准设立，采用"一区三园"模式，下设武汉产业园、黄石产业园、仙桃产业园。这些两岸科技园区在为大陆台资企业能够享受到大陆政策优惠条件，尽快扎根于地区产业环境，开展科技创新，推动其产业升级等方面发挥了重要作用。2012 年 12 月，两岸经过协商决定通过校企联合的方式，共同开展国家级和省市级重大专项及产业化基金等项目的立项、申报和项目的执行工作，实现产学研的优势结合。郑州提供了两岸科技合作的实践做法。2012 年底，郑州台湾科技园与新郑电子工业学校、河南科技学院生命科学学院签订了战略合作协议；郑州台湾科技园与北京民营科技实业家协会（简称北京民协）也签订了战略合作协议，开展园区、基金、中关村"新三板"市场领域的合作。

4.3.6 两岸知识产权合作得到推进

台湾地区获国际核准的专利数量虽逐年增加，但是很多台湾企业却频频遭遇国际诉讼。台湾"智慧产权局"网站数据显示：台湾企业 2011 年对外支付专利权利金与商标费用曾高达 58 亿美元。这种现象造成了台湾技术贸易赤字问题严重。同时，大陆在国际贸易领域也会受到来自一些发达国家的责难，产业发展的国际环境严峻程度也在增加。因此，在知识产权领域加强交流与合作，共同应对来自外部环境的挑战，成为两岸科技合作的共同利益所在。

两岸专利合作经历了从单向到双向互动、从个体行为到集体行动的互动与认同过程。一开始是台湾的单个企业或者个人到大陆申请专利；而现在，在专利领域的专利审查实务、著作权以及讨论专利运用与产业化等问题上，两岸众多机构、组织和科学家都参与其中。2012 年在台北召开的"第五届两岸专利论坛"上，台湾工业总会智慧财产权委员会将两岸专利合作概括为"频繁、善意、有默契"。事实上，早在 2010 年《海峡两岸知识产权保护合作协议》签署时，两岸就已经开始相互受理优先权请求，大陆率先向台湾同胞开放了专利代理人资格考试，两岸科技界人士愈来愈多地从中获益。

海峡两岸知识产权交流在两岸科技交流当中得到了一定程度的推进。截至 2012 年 9 月 30 日，大陆共受理要求台湾优先权的专利申请 8601 件、商标 78 件、植物品种 3 件；台湾共受理要求大陆优先权的专利申请 5770 件、商标 251 件。[①]2012 年前 11 个月，台湾受理大陆企业注册商标申请 2350 件。2012 年 10 月 29 日，台湾 10 家企业的 15 个商标正式获得厦门市著名商标的认证证书，这是台湾商标首次被大陆城市纳入著名商标的认定范围。[②]在著作权方面，根据上述协议，台湾影音制品无须再通过第三方来认证，可直接由社团法人台湾地区著作权保护协会办理，认证时间缩短为 1~3 天，对台湾地区文化创意产业的发展有很大帮助。截至 2012 年 11 月底，台湾著作权保护协会接受台湾影音业者请求认证的与大陆相关的著作权工作中，包括录音制品 304 件、影视制品 13 件。2012 年 7 月，台湾三大工商业团体之一的台湾工业总会在台北举行了"两岸专利代理实务交流合作论坛"。2012 年 8 月，"第五届两岸著作

① 中共中央台湾工作办公室. 两岸互相受理专利件数大增 知识产权合作前景广阔 [EB/OL]. (2012-12-28). http://www.gwytb.gov.cn/lajlwl/jykjjl/201212/t20121228_3497389.htm.

② 中国台湾网. 国台办新闻发布会 [EB/OL]. (2012-10-31). http://www.taiwan.cn/xwzx/xwfbh/gtbxwfbh/fbhwb/201210/t20121031_3253648.htm.

权论坛"与著作权工作组举行会议，双方就两岸音像表演版权保护成果共用、建立两
岸情资交换与侦办两岸著作权侵权犯罪机制及联系窗口、台北故宫博物院藏《富春山
居图》侵权案等，达成共识。

4.4　两岸科技交流中的双方制度安排

4.4.1　台湾地区对大陆地区的科技交流政策走向

自 1993 年 4 月"汪辜会谈"后，文教科技交流议题被纳入共同协议。1994 年 7 月，
台湾"陆委会"通过了"规划两岸学术科技交流重点及人才互访""加强两岸环境保
护与灾害防治科技交流合作研究""促进两岸科技出版物交换及建立资讯流动管道"
和"探讨两岸科技交流衍生之智慧财产权问题" 4 项计划及 11 项工作要点。1995 年
7 月，"陆委会"提出"扩大民生科技交流，加强两岸环保、医疗、食品、天然灾害
防治、原子能和平应用等领域的交流，促进两岸民众福祉"。台湾"行政院"经建会
建议：有限度地放宽高科技产业到大陆地区投资，建立良性的两岸分工体系，同时加
大产业投入研发的激励力度。此外，"国科会科学技术白皮书"进一步明确了推动两
岸科技交流的重点：一是推动两岸签订科技交流协议，建立正常化、制度化的交流制
度；二是加强两岸科技信息人才的交流；三是推动两岸与民生有关的气象、地震、能
源科技、资源勘探、海洋技术等项目的基础科技交流与合作。1999 年 9 月，台湾"行
政院"决定拓宽两岸科技人才交流渠道，简化大陆科技人才去台手续，并延长其最
大滞留期限。到 2008 年，台湾"经济部"投审会表示，台湾当局已经修订了大陆产
业科技人才去台办法，在台总停留时间可延长至 3 年，以通信、资讯、消费性电子、
半导体、制药等产业的大陆科技人才为先。此外"经济部"放宽了台湾高科技产业
赴大陆投资的限制，准许扩大开放的产品包括二极体晶粒晶圆、光纤电缆等。2010
年《海峡两岸知识产权保护合作协议》正式签署，标志着两岸在知识产权领域的制
度协商迈出重要一步。

但是，总体上讲，台湾当局长期人为地给两岸科技交流制造了很多障碍。如 1990
年台湾当局公布的"对大陆地区从事间接投资或技术合作管理办法"规定：台湾地区

人民、法人团体或其他机构不得直接在大陆投资或从事技术合作。1993 年台湾地区又通过"在大陆地区投资或技术合作许可办法",限制台资技术合作的产品和经营。

当前,台湾地区科技创新政策是典型的需求导向型而非技术导向型模式,主要包括政府采购、管制规范,以及应用型技术标准化。2014 年台湾在"经济部""国防部"和"交通部"实施的政府采购产品数额分别达到 3535 亿元、1432 亿元、979 亿元新台币,位列部门前三名。研究表明:当前台湾社会对体制改革与法律松绑来适应产业创新的呼声,也证明台湾当局的科技创新政策在建构开放式创新环境、松绑"政府"管制措施、遵循市场规律及促进创新要素在地区间流动等方面仍存在诸多问题。

4.4.2 大陆地区对台湾地区科技交流的政策安排

大陆对两岸科技交流活动一贯秉持开放包容的态度。1995 年 6 月,国务院颁布了《外商投资产业指导目录》,将投资分为鼓励、限制、禁止三类。其中,高科技项目、能源节约与原材料、适合市场需求而生产能力不足的新设备或新材料项目都属于鼓励类项目。《中华人民共和国台湾同胞投资保护法实施细则》规定:要为台商在大陆投资,进行科技与产业合作创造良好的法制环境。此外,国务院还决定对高科技产业机械设备的进口予以减免关税。这些政策都为两岸科技与产业交流创造了必要的制度环境。

鉴于两岸在发展新兴产业、调整产业转型升级方面具有高度的重叠性、关联性、互补性,两岸已经成功地在涉及民生议题的地震、气候变化、生物多样性方面开展了一定的合作研究,取得了积极进展。为进一步推动两岸实质性科技合作,国家自然科学基金委员会与台湾李国鼎科技发展基金会每年各资助一定数量的经费,支持两岸相关院所及研究机构在三个不同领域开展合作研究,每个领域支持期限为三年。[①]科技部与台湾工业技术研究院商定组建两岸半导体照明领域合作工作组和产业联盟,共同建立了半导体照明产业链;在标准制定、检测平台建设等方面开展合作。中国电信、中国联通、中国移动与台湾中华电信、远传、威宝等两岸八大电信运营商,协商扩大业务合作、联手拓展市场事宜。在国台办、科技部的共同指导下,由中国生

---

① 资料来自国家自然科学基金委员会与财团法人李国鼎科技发展基金会联合资助项目年度申请指南。例如 2009 年为 750 万资助强度,http://bic.nsfc.gov.cn/show.aspx?AI=918.

产力促进中心协会与全国台湾同胞投资企业联谊会联合海峡两岸的生产力促进机构、科研院所、大专院校及专家学者，共同发起成立台资企业转型升级服务团。

4.4.3 两岸科技交流合作中的制约因素

根据我们对两岸科技交流情况的年度调查分析，大陆很多地区对两岸科技交流一直秉持着积极欢迎的态度。在两岸关系总体形势下，我们认为以下问题值得关注。

（1）缺少功能型的互动政策

根据我们在 2014 年和 2015 年所做的调查问卷数据，缺少政策配套支持是两岸当前科技交流的主要问题，认为这一问题"非常重要和很重要"的比例约为 70%。这反映出两岸目前双方在科技交流方面均缺少功能型、明确化的政策支持，如稳定的资金政策、人才政策、园区政策等。参见图 4.13。

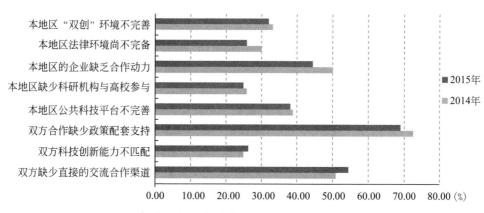

图 4.13 两岸科技交流中存在的主要问题分析（2014—2015）
数据来源：两岸科技交流与合作统计分析调研问卷，笔者主持项目。

（2）缺少多元稳定持续的专项资金支持

当前，两岸很多交流活动的开展多为非定期的会议、展览和访问，而项目合作研究偏少。调查问卷显示，两岸科技交流中稳定的、持续的科技项目合作仅占不到 15% 的比例。缺少稳定持续的专项资金支持，导致双方难以在共同关注的研究领域深度挖掘共识，开拓更多合作。

（3）两岸技术标准的差异阻碍了两岸产业深度合作

全球标准化时代已经到来。两岸共同的技术标准是产业合作的前提和基础，而两岸技术标准的差异在一定程度上阻碍了两岸相关产业的深度合作。两岸标准化交流工作仍需加快步伐，以推动两岸经贸往来与产业投资合作的深入。2016 年两岸制度化合作停摆后，从推动两岸科技交流工作总体大局出发，标准化可作为可选的合作切入点。

（4）台湾青年来大陆创业就业仍需要更多的政策扶持

近年来大陆"大众创业，万众创新"的环境，激发了台湾青年来大陆创业的热情，更有利于台湾青年享受两岸经济合作的"红利"。但我们在调研中发现，台湾青年来大陆创业就业仍面临一些困难，例如台湾青年对在大陆创业的就业信息获取渠道仍较为有限，对大陆的相关配套政策了解不足；其身份识别问题、两岸社会文化差异造成的"水土不服"，以及大陆劳动力市场竞争激烈都是重要的制约因素。

党的十九大报告指出："坚持一个中国原则，坚持'九二共识'，推动两岸关系和平发展，深化两岸经济合作和文化往来……"近年来，大陆深入实施创新驱动战略，两岸产业界广泛受益于双方的科技交流与合作。因此，应从对台科技工作实际出发，推动两岸科技领域的民间互动。

具体而言，一是积极推动民间科技组织、高校和科研院所深度参与两岸科技合作和交流，为两岸民间科技交流开拓有效空间，为不断深化两岸科技合作、密切两岸交流交往夯实基础、积蓄力量。二是激发社会资本力量，建立稳定持续专项资金。激发社会各类主体（企业和个人）为两岸科技交流提供资金支持，比如可探讨采用 PPP 模式来引入社会资本，设立科技项目以及科技金融专项基金，推动两岸科技成果的快速孵化和转化。三是推动两岸民间组织在产业技术标准上的研发合作。围绕两岸共识性产业领域，如 TD–LTE/5G、云计算、锂离子电池、平板显示、汽车电子等信息产业发展重点领域，鼓励两岸科研院所和高校对前沿关键技术提前开展标准化研发工作。四是加强标准研制与技术创新、知识产权处置、产业化和应用推广的统筹协调，从单点、单个共通标准制定向系统化、体系化共通标准建设转化，进一步扩大共通标准在两岸产业界的影响力和认可度。

第 5 章

两岸科技产业合作

5.1　两岸科技产业合作的经验、规律与未来

科技产业主要是指以研发和创新作为驱动因素的行业，通常也被认为是高技术产业。经济合作与发展组织（OECD）认为：研发投入强度（产业研发投入占国内生产总值的比例）超过 7.1% 的行业为高技术含量产业；低于 2.7% 的行业为低技术含量产业。按照这一定义，在 20 世纪 90 年代，各国普遍把航空航天、计算机、电子通信和医药归为科技产业。当前，科技产业合作已经成为两岸产业合作的主导领域。电脑、电子产品、光学制品以及电子零部件制造业所占比重达到大陆台资总金额的 1/3。

5.1.1　两岸科技产业合作的经验与特点

1989 年，第一批台资企业开始来大陆投资。当时主要是因为岛内要素资源有限，空间狭窄，市场容量小，这些台商迫切需要把传统的劳动密集型制造业移至岛外，为岛内产业升级腾出空间。1989 年的 539 个大陆台资项目基本上都是农业、食品加工、服装等劳动密集型产业。1997 年开始，台湾加快了岛内产业升级速度，例如传统行业融合新技术改造流程和服务，提高效率和附加值。岛内制造业和服务业融合发展的速度在增加。因此，在岛内仍保留总部或者业务单元的台资企业，就开始将投资重点转向制造业服务化。2000—2008 年，家电制造、运输装备、服务业等开始成为

大陆台资的主要产业领域。截至 2009 年，物流业、金融、科学技术服务以及艺术娱乐休闲服务业得到了快速发展。

2009 年全球进入后金融危机时期，世界范围内经济的不确定性和震荡明显增加。至此，全球产业开始进入向实体经济回归和新兴技术产业升级的深度调整期。在大陆产业总体环境向自主创新转型的过程中，固守传统行业的做法很难再继续维持低成本下的高速增长，必须转型到更具创新性、生态型和绿色集约型的产业中来，才能在全球产业体系和大陆宏观经济中保持其竞争力。在同一时期，台湾也确定了要着力发展的六个新兴产业（绿色能源、生物科技、文化创意、观光旅游、医疗照护和精致农业）和四个智慧产业（云计算、智慧电动车、专利产业化和智慧绿建筑）。

两岸科技产业合作是若干因素耦合推动的结果。第一个原因是大陆台商的代工生产模式和加工贸易形态出现了严重的脆弱性。"台湾接单—大陆生产—出口欧美"是两岸产业分工的传统模式。在这种"两头在外，中间在大陆"的传统价值链体系下，关键零组件、原材料仍由美日等国主导，台湾只提供中间产品供大陆台商组装。核心技术、关键的原材料和零组件、标准和品牌、终端消费市场和供应链这些产业要素，并未被大陆或者台湾实际获得。由于台资企业代工所需的关键零组件和原材料均由台湾母公司供应，在金融风暴袭击之后，欧美购买力急剧下降，加工贸易跟着下滑，代工订单停下或减少。台资企业过分依赖外销市场，其经营策略转入大陆内需市场需要一定的时间和成本，转型升级速度缓慢。当全球经贸形势变得严峻时，台湾产业的核心竞争力就会被明显削弱。因此，两岸产业合作必须要找到改变这一现实尴尬的出口。

第二个原因是两岸产业结构的重叠性增加。大陆产业发展的后发优势在近 40 年的时间里，不断被释放出来，产业转型升级和创新步伐加快，在"互联网 +"行动计划的推动下，数字经济得到蓬勃发展。同时，大陆的先进制造业也得到了快速推进。依赖于土地、劳动力和资本等要素的大陆台商，采用传统经营方式，已经越来越不适应大陆的发展环境。也就是说，30 年前台商来大陆投资设厂，只是空间发生了迁移——从台湾转移到大陆来，但是方式并没有改变。如今，这些台商如果仍采用空间转移的方式来维持企业生存，恐怕难以实现。台商必须对自身的经营方式及其在价值链中的位置进行调整升级，才有可能变被动为主动，实现与大陆产业真正的融合发展。可见，两岸产业合作有其非常内在的发展动因。

总体上讲，两岸科技产业合作体现了以下几个特点。第一个特点是产业结构上表现在传统制造业退出，先进制造业和创意经济开始登场。传统制造业台商由于近些年来经营成本不断上升，劳动力、土地资源等的供给缺口加大，因此无法继续以从前的方式和领域维持在大陆的经营。近几年来，在台湾地区推行"新南向"措施的发酵下，传统制造业台商相继选择在东南亚国家和地区重新设厂投资。留在大陆的台商主要开始转型从事先进制造业（如新材料、3D打印、新一代信息制造、光学与精密机械等）。

第二个特点是以园区、平台、联盟等组织形式开展的两岸交流活动日益频繁，增进了两岸科技管理机制的彼此融合理解。两岸科技产业园区为高科技台资企业扎根大陆提供了环境和空间。在园区治理机制上，"共同建设、共同经营、共同管理、共同受益"的模式正在成为一种新趋势。而且，大陆惠台政策和台湾同胞投资促进条例等制度设计，为台商转型提供了转型机会。例如，台湾华聚产业共同标准推动基金会在发挥两岸产业标准合作上做出了较大的努力。截至2015年，两岸签署了327项行业标准协议。

第三个特点是台资对是否留在大陆进行转型升级出现了不同的策略选择。在传统行业的台资积聚地（如福建、广东等地），一批新能源、节能环保、智能制造、环境工程、创意服务等领域的新兴行业台资已经开始涌现。它们当中有些是通过生产制造流程再造，将传统制鞋、服装、种养殖产业这些传统环节，与人工智能（AI）、虚拟现实（VR）、大数据（Big Data）、物联网（IoT）、3D打印技术相互结合并开展商业模式创新，找到了更好的产业升级空间。另外一些新兴行业的台资通过价值链升级，直接转换到高附加值的环节。转型升级意愿不强和能力不足的传统台商更偏好于选择转移到越南、缅甸等东南亚地区投资的策略。

5.1.2 两岸科技产业合作效果评估

产业依存度可以用来度量产业间的协调性。两个产业的相互依存度若较高，则彼此间协调发展的特征就会明显。两岸产业协调发展，既体现在两岸之间在先进制造业、现代服务业上的产业内协调，又包括大陆先进制造业与台湾现代服务业以及大陆现代服务业与台湾先进制造业之间的产业间协调。

总体上讲，两岸科技产业的快速发展发生在2000年之后。1991—2000年，台湾对大陆投资的主要行业集中在传统制造业。2000年后，全球产业升级创新速度加快，这段时期恰是中国大陆产业快速转型升级，以及岛内产业迅速外移的窗口期。根据

台湾"经济部"主计处和投审会数据，以台湾对大陆投资产业金额作为指标，2000
年台湾对大陆投资的科技制造业占比超过60%。进入2010年之后，台湾对大陆投资
的科技服务业总额开始增加，从2%增加到了10%以上。目前台湾对大陆投资的科
技制造业和科技服务业总体上维持在50%左右。参见图5.1。大陆对台湾投资金额构
成中，科技制造业约占29%，科技服务业约占10%。中国海关数据显示：两岸产品
贸易构成中，大陆自台湾进口的机电产品占自台湾进口总额的比重达到70%，大陆
出口台湾的机电产品占出口台湾总额的比重达到50%以上。从上述指标看，两岸双
向投资中科技产业（包括科技制造业和科技服务业）均占有相当大的比重。

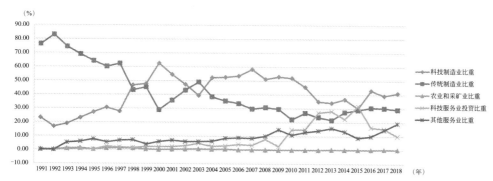

图 5.1　1991—2018 年台湾对大陆投资的各产业金额所占投资总额比重
数据来源：台湾"经济部"投审会。

　　根据统计数据可得性，本书选择以下变量：大陆制造业（MI）总产值、大陆服务
业（MT）产值、台湾传统制造业（TM）[①]对大陆的投资额、台湾信息通信产业（TICT）[②]
对大陆的投资额、台湾物流业（TL）[③]对大陆的投资额、台湾住宿餐饮业（TAF）对
大陆的投资额、台湾文化创意产业（TCC）[④]对大陆的投资额等。数据取自《中国统
计年鉴》和台湾"经济部"投审会"华侨及外国人投资、对外投资、对大陆间接投
资统计月报"数据。采用对数形式进行降幂，对上述指标进行 Johansen 协整检验。

[①] 台湾传统制造业包括化学材料制造业、基本金属制造业、汽车及其零件制造业、电力设备制造业、机
械设备制造业、塑胶制品制造业、橡胶制品制造业、非金属矿物制品制造业、金属制品制造业、药
品制造业、纺织业、食品制造业、饮料制造业、造纸业、化学制品制造业、成衣及饰品制造业、皮
革皮毛制造业、石油及煤制品制造业、木竹制品制造业、印刷及资料储备媒体复制、矿业土石采掘业、
家具制造业、烟草制造业、运输工具制造业等。
[②] 台湾信息通信产业包括电子零组件制造业、电脑电子产品及其光学制品制造业、资讯及通信传播业等。
[③] 台湾物流业包括批发零售和运输仓储等。
[④] 台湾文化创意产业包括艺术娱乐及休闲服务业、专业科学及技术服务业、教育服务业等。

协整检验结果可以用来显示变量间的因果性和均衡关系。

（1）大陆制造业与台湾对大陆投资产业的协调度

分析大陆制造业（MI）和台湾传统制造业（TM）间的长期均衡关系，模型结果显示：ln(MI) 与 ln(TM) 在 5% 水平上存在协整关系。台湾在大陆投资的传统制造业与大陆制造业之间具有相互正向影响。参见表 5.1。

$$\ln(MI)_t = 0.960\ln(TM)_t - 3.000 + \mu_t \tag{5-1}$$

$$R^2 = 0.591, \quad D.W = 0.740$$

表 5.1　对 ln(MI) 和 ln(TM) 作协整检验的结果

Variable	Coefficient	Std. Error	t-Statistic	Prob.
C	−2.995 534	2.290 993	−1.307 526	0.202 5
LN_TM_	0.958 936	0.156 437	6.129 837	0.000 0
R-squared	0.591 034	Mean dependent var		11.020 51
Adjusted R-squared	0.575 304	S.D. dependent var		1.160 896
S.E. of regression	0.756 541	Akaike info criterion		2.348 629
Sum squared resid	14.881 21	Schwarz criterion		2.443 786
Log likelihood	−30.880 80	Hannan-Quinn criter.		2.377 719
F-statistic	37.574 90	Durbin-Watson stat		0.739 578
Prob (F-statistic)	0.000 002			

分析大陆制造业（MI）和台湾文化创意产业（TCC）之间的长期均衡关系，模型结果显示：ln(MI) 与 ln(TCC) 在 5% 水平上存在协整关系。台湾在大陆投资的文化创意产业与大陆制造业具有相互正向影响。参见表 5.2。

$$\ln(MI)_t = 0.667\ln(TCC)_t + 3.763 + \mu_t \tag{5-2}$$

$$R^2 = 0.624, \quad D.W = 1.095$$

表 5.2　对 ln(MI) 和 ln(TCC) 作协整检验的结果

Variable	Coefficient	Std. Error	t-Statistic	Prob.
C	3.762 601	1.181 467	3.184 686	0.004 0
LN_TCC_	0.666 819	0.105 699	6.308 677	0.000 0
R-squared	0.623 821	Mean dependent var		11.170 62
Adjusted R-squared	0.608 147	S.D. dependent var		1.061 458
S.E. of regression	0.664 453	Akaike info criterion		2.094 099
Sum squared resid	10.595 96	Schwarz criterion		2.190 876
Log likelihood	−25.223 29	Hannan-Quinn criter.		2.121 967
F-statistic	39.799 40	Durbin-Watson stat		1.094 513
Prob (F-statistic)	0.000 002			

分析大陆制造业（MI）和台湾物流业（TL）之间的长期均衡关系，模型结果显示：ln(MI) 与 ln(TL) 在 5% 水平上存在协整关系。台湾物流业作为生产型服务业，在大陆的投资与大陆制造业之间具有双向正向影响。参见表 5.3。

$$\ln(MI)_t = 0.477\ln(TCC)_t + 5.031 + \mu_t \qquad (5\text{-}3)$$

$$R^2 = 0.795, \quad D.W = 0.239$$

表 5.3　对 ln(MI) 和 ln(TL) 作协整检验的结果

Variable	Coefficient	Std. Error	t-Statistic	Prob.
C	5.031 401	0.622 390	8.083 999	0.000 0
LN_TL_	0.476 594	0.048 333	9.860 577	0.000 0
R-squared	0.795 469	Mean dependent var		11.089 25
Adjusted R-squared	0.787 288	S.D. dependent var		1.123 444
S.E. of regression	0.518 141	Akaike info criterion		1.594 047
Sum squared resid	6.711 740	Schwarz criterion		1.690 035
Log likelihood	−19.519 63	Hannan-Quinn criter.		1.622 589
F-statistic	97.230 99	Durbin-Watson stat		0.239 235
Prob (F-statistic)	0.000 000			

分析大陆制造业（MI）和台湾信息通信产业（TICT）之间的长期均衡关系，模型结果显示：ln(MI) 与 ln(TICT) 在 10% 水平上存在协整关系。台湾 ICT 产业作为台湾对大陆投资的主导行业，与大陆制造业之间具有相互正向影响。

$$\ln(MI)_t = 0.616\ln(TICT)_t + 5.031 + \mu_t \qquad (5\text{-}4)$$

$$R^2 = 0.761, \quad D.W = 0.559$$

令 $ecm_{t-1} = \mu_t$，得到误差修正模型如下：

$$\Delta\ln(MI)_t = 0.119 + 0.057\Delta\ln(TICT)_t - 0.173ecm_{t-1}$$

$$R^2 = 0.142, \quad D.W = 1.820$$

（2）大陆服务业与台湾投资大陆各产业的协调关系

分析大陆服务业（MT）和台湾住宿餐饮业（TAF）之间的长期均衡关系，模型结果显示：ln(MT) 与 ln(TAF) 在 5% 水平上存在着协整关系。台湾对大陆投资的住宿餐饮业与大陆服务业之间具有双向正向影响。参见表 5.4。

$$\ln(MT)_t = 0.575\ln(TAF)_t + 5.653 + \mu_t \qquad (5\text{-}5)$$

$$R^2 = 0.367, \quad D.W = 0.503$$

表 5.4　对 ln(MT) 和 ln(TM) 作协整检验的结果

Variable	Coefficient	Std. Error	*t*-Statistic	Prob.
C	5.652 781	1.549 005	3.649 299	0.001 3
LN_TAF_	0.574 755	0.154 117	3.729 332	0.001 0
R-squared	0.366 887	Mean dependent var		11.392 23
Adjusted *R*-squared	0.340 507	S.D. dependent var		1.103 506
S.E. of regression	0.896 148	Akaike info criterion		2.692 382
Sum squared resid	19.273 96	Schwarz criterion		2.789 158
Log likelihood	−33.000 96	Hannan-Quinn criter.		2.720 250
F-statistic	13.907 92	Durbin-Watson stat		0.502 845
Prob (*F*-statistic)	0.001 041			

分析大陆服务业（MT）和台湾文化创意产业（TCC）之间的长期均衡关系，模型结果显示：ln(MT) 与 ln(TCC) 在 5% 水平上存在着协整关系。台湾在大陆投资的文创产业与大陆服务业之间具有双向正向影响。参见表 5.5。

$$\ln(MT)_t = 0.680\ln(TCC)_t + 3.837 + \mu_t \tag{5-6}$$

$$R^2 = 0.600, \quad D.W = 1.038$$

表 5.5　对 ln(MT) 和 ln(TCC) 作协整检验的结果

Variable	Coefficient	Std. Error	*t*-Statistic	Prob.
C	3.836 853	1.265 963	3.030 777	0.005 8
LN_TCC_	0.680 084	0.113 258	6.004 723	0.000 0
R-squared	0.600 378	Mean dependent var		11.392 23
Adjusted *R*-squared	0.583 727	S.D. dependent var		1.103 506
S.E. of regression	0.711 974	Akaike info criterion		2.232 252
Sum squared resid	12.165 76	Schwarz criterion		2.329 029
Log likelihood	−27.019 28	Hannan-Quinn criter.		2.260 121
F-statistic	36.056 69	Durbin-Watson stat		1.037 769
Prob (*F*-statistic)	0.000 003			

分析大陆服务业（MT）和台湾物流业（TL）之间的长期均衡关系，模型结果显示：ln(MT) 与 ln(TL) 在 5% 水平上存在着协整关系。台湾物流业与大陆服务业具有双向正向影响。参见表 5.6。

$$\ln(MT)_t = 0.505\ln(TL)_t + 4.877 + \mu_t \tag{5-7}$$

$$R^2 = 0.810, \quad D.W = 0.273$$

表 5.6　对 ln(MT) 和 ln(TL) 作协整检验的结果

Variable	Coefficient	Std. Error	t-Statistic	Prob.
C	4.877 058	0.631 316	7.725 229	0.000 0
LN_TL_	0.505 412	0.049 026	10.308 96	0.000 0
R-squared	0.809 560	Mean dependent var		11.301 19
Adjusted R-squared	0.801 942	S.D. dependent var		1.180 960
S.E. of regression	0.525 571	Akaike info criterion		1.622 524
Sum squared resid	6.905 623	Schwarz criterion		1.718 512
Log likelihood	−19.904 08	Hannan-Quinn criter.		1.651 067
F-statistic	106.274 7	Durbin-Watson stat		0.272 997
Prob (F-statistic)	0.000 000			

分析大陆服务业（MT）和台湾信息通信产业（TICT）之间的长期均衡关系，模型结果显示：1991—2018 年，ln(MT) 与 ln(TICT) 不存在协整关系。

将数据时间跨度调整为 1991—2016 年，分析大陆服务业（MT）和台湾信息通信产业（TICT）之间的长期均衡关系。结果显示：ln(MT) 与 ln(TICT) 在 10% 水平上存在着协整关系。模型结果显示：1991—2016 年，台湾在大陆投资的信息通信产业与大陆服务业具有双向正向影响。参见表 5.7。

表 5.7　对 ln(MT) 和 ln(TICT) 作协整检验的结果

Variable	Coefficient	Std. Error	t-Statistic	Prob.
C	2.759 145	0.954 589	2.890 401	0.008 0
LN_TICT_	0.602 284	0.068 542	8.787 081	0.000 0
R-squared	0.762 876	Mean dependent var		11.087 97
Adjusted R-squared	0.752 996	S.D. dependent var		1.161 770
S.E. of regression	0.577 394	Akaike info criterion		1.813 221
Sum squared resid	8.001 219	Schwarz criterion		1.909 997
Log likelihood	−21.571 87	Hannan-Quinn criter.		1.841 089
F-statistic	77.212 80	Durbin-Watson stat		0.623 714
Prob (F-statistic)	0.000 000			

$$\ln(MT)_t=0.602\ln(TICT)_t+2.759+\mu_t \quad (5\text{-}8)$$

$$R^2=0.763，\quad D.W=0.624$$

令 $ecm_{t-1}=\mu_t$，得到误差修正模型如下：

$$\Delta \ln(MI)_t=0.149-0.002\Delta \ln(TICT)_t-0.566ecm_{t-1}$$

$$R^2=0.449，\quad D.W=1.931$$

（3）两岸产业间协调度测算的结果分析

综合以上模型计算结果，得到表5.8。此表显示：在5%水平上，两岸具有显著相关性的产业包括大陆制造业与台湾传统制造业之间、大陆制造业与台湾新兴服务业之间、大陆服务业与台湾传统服务业之间、大陆服务业与台湾新兴服务业之间、大陆制造业以及服务业与台湾信息通信产业之间，这些产业之间均具有动态均衡关系。

表5.8　1991—2018年两岸存在长期均衡关系的产业领域（5%水平上显著）

大陆地区	台湾地区
制造业	传统制造业
	文化创意产业
	物流业
	ICT产业（1991—2016，10%水平上显著，5%水平上不显著；1991—2018，不显著）
服务业	ICT产业
	住宿餐饮服务业
	文化创新产业
	物流业

根据结果，本书认为两岸产业之间存在着如下合作特征。识别其特征并遵循产业发展规律，有助于推动两岸产业协调发展和创新升级。

第一，两岸传统制造业之间总体上存在着长期均衡关系。传统制造业曾是台湾投资大陆产业的主体，大陆总体产业结构以制造业形态为主，且转型后的传统制造业仍具有非常强的发展优势，因此两者表现出长期均衡的关系符合双方产业的基本特征和发展规律。

第二，台湾传统服务业（住宿餐饮）和新兴服务业（物流业、台湾文化创意产业）与大陆服务业之间存在着动态均衡关系。服务业是产业升级的主要方向之一。双方具有长期动态均衡关系，体现了两岸产业合作的升级趋势。两岸服务业协调发展，对两岸发挥各自的产业禀赋优势，推动两岸新经济融合具有重要意义。

第三，台湾ICT产业与大陆制造业存在着一定的（10%的水平）长期均衡关系。截至2016年，台湾ICT产业与大陆服务业之间存在一定的（10%的水平）动态均衡关系；但加入2017年和2018年数据，长期均衡性就消失了。从全球产业发展规律看，ICT产业是当今世界产业变革的主角，也是与其他产业融合渗透程度最高的核心行业。从两岸产业发展结构看，ICT 产业是大陆在新兴产业领域的主要推动方向，同时也是近些年来台湾企业投资大陆的最主要的高技术领域。双方的长期均衡关系主要在制造业环节，这体现了两岸先进制造业具有一定的协调性；但是总体相关性水平不显著，而且台湾 ICT 产业与大陆服务业在加入 2017 年和 2018 年数据后，10% 的显著性水平都不存在了。产生上述结果的两个原因值得我们重视。

其一，在台湾地区产业统计口径中，ICT 不仅包括制造业领域，而且包括了资讯和通信传播业两个重要的服务业领域。台湾资讯与通信传播业主要是信息服务业（无线通信、宽带网络通信）。这部分领域是台湾地区主推的关键产业，因此也就成为台湾当局管控的主要领域。2016 年以前，两岸信息服务业合作发展较快。2016 年民进党"上台"后，在岛内推行所谓的"新南向"政策，企图绕开大陆，疏离台湾与大陆的经济往来。其中，ICT 产业中的服务业环节，与制造业环节在大陆设厂而不能短期立刻撤资相比，是比较容易进行地理迁移的。这就造成了 2017 年度 ICT 服务业在大陆投资额数据锐减，从而改变了之前的产业动态均衡性。如图 5.2 所示。

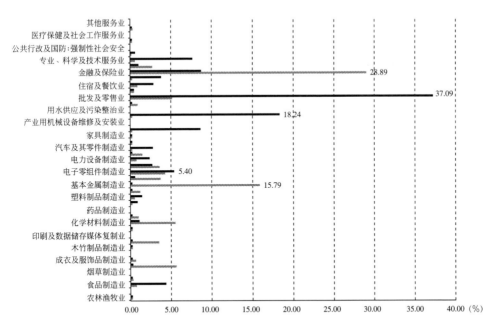

图 5.2　2018 年台湾地区"新南向"中的双向投资行业结构
数据来源：台湾"经济部"投审会。

其二，台湾企业在大陆 ICT 产业的投资中，电子零组件、电脑制造业的很多业务单元是给国外企业（尤其是美国企业）进行代加工的中间品环节。这些领域非常容易受到国际经贸形势的影响和冲击。2017 年开始，全球贸易保护主义、逆全球化和民粹主义开始抬头，2018 年更是愈演愈烈，美国挑起的贸易战也不断升级。很多"黑天鹅"事件成为全球治理体系中极大的风险因素。中国台湾的企业在美国跨国公司主导的价值链的"夹缝"中生存，必然被动。这种"被动"运转必然传导到依赖于岛外代工型台资企业上。2019 年 12 月，台湾"资策会"产业情报研究所（MIC）发布"产业研究"预测指出：2018 年全球 ICT 硬件制造产值约为 1726.62 亿美元，年度增长 0.8%；台湾地区作为 ICT 硬件制造三大地区之一，其产值为 1108.3 亿美元，年度下滑了 1.1%。台湾 ICT 硬件制造出现滑落的原因包括技术产品更新换代、库存短缺、中美贸易战和消费性市场萎缩等。大陆将成为包括台式电脑、笔记本电脑、伺服器、主机板在内的产品的主要出货地。①

上述两个原因相互叠加之结果，就是台湾 ICT 产业与大陆产业（包括制造业和服务业在内）协调性不强。不过，这也暗示了一个深层次问题。当我们置身于当前国际经贸形势日益严峻和全球价值链升级的情境下，如何寻找有利于两岸产业协调、升级、创新和融合的新立足点，是一个非常具有现实意义的议题。

5.1.3 两岸科技产业合作面临的紧迫性议题

当下阶段，中国大陆在科技新兴产业上处于快速发展时期，在很多关键新兴技术领域已经开始出现领跑优势，包括人工智能 AI、虚拟现实、大数据等关键领域迈入第一"赛道"。产业传统的商业模式也正在被互联网经济模式取代。同期过程中，台湾地区的产业政策则并未对高科技产业形成有效的助力作用，台湾科技产业的比较竞争力在慢慢消逝。综合来看，两岸科技产业的同质性增加。这必然会改变两岸产业合作在过去几十年所形成的"上下游垂直整合"关系，两岸科技产业必须寻找到新经济环境下的合作路径。

一是两岸科技产业尚缺少共通标准体系。产业竞争力的取得依赖于牢固掌握住核心关键产业的标准。然而，两岸产业合作缺少一致性的技术标准制度。虽然目前有 300 多项共通标准，但并没有统一的机制框架，每个产业标准都需要逐一协商。

---

① 台湾"资策会"."ICT 产业白皮书 2019"[M]. 2019 年 12 月.

这无疑加大了两岸科技产业合作的"交易成本"。同时，台湾地区仍对高技术领域的产业投资实施严格管制，台湾高技术无法顺利"出岛"。同时，民进党将可能用政治绑架科技产业知识产权，采取各种"台独"手段误导和压制岛内社会的理性反应。如在 2019 年 3 月蔡英文与美国传统基金会的视频会议上，就曾提出要"讨论包含在科技剽窃及 5G 产业掌控的忧虑下，台湾在全球高科技产业供应链的角色"①。

二是尚未形成两岸科技产业链治理机制，在某些产业环节上存在"脱钩"风险。一般来讲，产业链治理机制包括市场式、模块式、关系式、领导式和等级制②。两岸产业合作机制以往是以代工为主，大陆台资企业是主体。要素在产业链上是环节聚集，产业链整体合作的交易成本高。在研发设计环节，两岸企业没有太多交集。在制造环节，两岸企业总体上维系着垂直分工模式。在下游商业和市场化环节，双方缺少共创品牌。由于台资企业过度依赖欧美市场，大陆台资并未与大陆民营企业建立长期的商业合作模式。在当前全球经济受新冠肺炎疫情持续影响下，如果台湾当局人为阻断台湾大型科技企业与大陆企业已建立的产业链和供应链，两岸产业链的"脆弱性"风险会显著加大。

三是双方在科技产业合作中存在"市场失灵"问题。两岸产业合作亦受台资企业投资偏好和大陆地方招商政策的影响。台资企业以低成本为驱动的短期投资很容易产生长期的路径依赖，在个别领域和个别地区导致产业过度集中的问题。在大陆产业发展逐步转向创新驱动的过程中，以资源粗放型投入和单纯经济增长作为企业目标的发展模式不能适应发展的需要。与"绿色""生态""环境""健康"这些公共议题相关的产业逐步被带入两岸高科技产业范畴。然而，这些产业在发展初期都具有公共性，产出效应不明显，单纯依靠企业动机很难实现双方深度合作。大陆台资企业向这些产业转型的动力不足，台商"新南向"趋势增加。在 2016 年两岸官方交流机制中断后，大陆仍对广大台胞提供了在陆投资置业生活的各项便利化措施，"31条"和"26 条"③陆续实施。这些举措体现了我们"一如既往尊重台湾同胞、关爱台湾同胞、团结台湾同胞、依靠台湾同胞，全心全意为台湾同胞办实事、做好事、解

① 中评网 . 蔡英文宣布投资美国援外机构　对抗"一带一路"[EB/OL].(2019-03-28).http://www.crntt.com/doc/1053/8/2/6/105382603.html?coluid=46&kindid=0&docid=105382603&mdate=0328111135.

② Gereffi G, Humphrey J, Sturgeon T. The Governance of Global Value Chains[J].Review of International Political Economy,2005(12):78-104.

③ 2018 年 2 月 28 日，国务院台办、国家发展改革委经商中央组织部等 29 个部门发布《关于促进两岸经济文化交流合作的若干措施》；2019 年 11 月 4 日，《关于进一步促进两岸经济文化交流合作的若干措施》颁布。上述两项措施分别简称为"31 条"和"26 条"。

难事"① 的对台政策的一致性和连续性。因此，为避免过度的"市场失灵"，政策及时、有效、常态化介入异常重要。

四是建立两岸科技产业合作治理机制。两岸产业发展有共同利基，但是由于运行方式、管理理念和体制认同的差异，合作模式和互信机制尚不成熟。科技型企业合作是科技产业合作的主要执行者。但是，两者不能等同。企业合作依赖于商业契约，也容易受到市场环境的影响和冲击。同时，由于现实世界中存在的"信息不对称"或者称之为"信息不完美"，都会导致合作企业彼此间的"博弈"行为，加之单个企业的要素配置能力所限，双方合作的深度和持久性都难以保证。改变此种情形，就需要在两岸科技型企业合作层次之上，寻找双方产业发展的"最大公约数"，架构出两岸科技产业合作的"中观"② 机制。在科技迭代周期日益缩短的今天，科技驱动下经济增长与社会发展的方式和路径都在发生剧烈变化。两岸科技产业也必须顺应此形势，选准合作着力点来进行有效的制度设计。

5.1.4 两岸科技产业合作的未来：数字经济驱动、智能制造引领

（1）开启两岸科技产业合作的"数字经济"时代

当前，我们已经从知识经济时代迈向数字经济时代。数字经济广泛渗透到了经济社会各领域。这种以使用数字化的知识和信息作为关键生产要素、以现代信息网络作为重要载体、以信息通信技术的有效使用作为效率提升和经济结构优化的重要推动力的一系列经济活动③，已经深刻改变着全球产业的路径和范式。全球数字经济对话机制在全球治理体系中的重要性也在日益凸显。

2017年麦肯锡全球研究院（MGI）发布了《中国的数字经济：全球领先力量》报告，给中国"数字经济"描绘了一幅数据图景：中国在虚拟现实、自动驾驶车辆、3D打印、机器人、无人机和人工智能（AI）等主要数字技术领域的风险投资额位居世界前三；

---

① 习近平.为实现民族伟大复兴 推进祖国和平统一而共同奋斗——在《告台湾同胞书》发表40周年 纪 念 会 上 的 讲 话 [EB/OL].(2019-01-02). http://www.xinhuanet.com/politics/leaders/2019-01/02/c_1123937757.htm.
② 这里所指的"中观"，是介于宏观经济体制和企业微观机制之间的中间层次的产业机制。
③ "数字经济"一词是20世纪90年代中期美国和OECD为阐述信息技术发展传统经济发展方式带来的深刻变化而提出的。2016年G20杭州峰会发布的《二十国集团数字经济发展与合作倡议》中对"数字经济"再次给出了明确的定义。

中国电子商务市场占全球电子商务交易市场总额的 40% 以上；中国的全球移动支付交易总额是美国的 11 倍；全球 262 家独角兽企业（估值超过 10 亿美元的初创企业）中，有 1/3 是中国企业，且这些中国企业的价值占据全球独角兽企业总价值的 43%。其实，我们不难看出，这些数据的背后隐含了一条重要的经济规律，即深厚的资源禀赋、广阔的市场容量、多元庞大的消费群体、稳固健全的产业体系，才是推动数字经济发展的最核心要素。中国完全具备了这个基础条件。

回到两岸产业合作议题上。双方在以往的产业合作中，大陆的资源丰沛优势、要素成本优势和政策优惠条件，与台湾自身产业转型升级之需形成了耦合效应。这种效应创造了大陆台商今天的发展成绩，也为台湾产业转型升级提供了发展空间和实际收益。时至今日，这种耦合效应仍在发挥作用。但是，我们必须认识到，如果仍以传统方式去延续双方合作，就会被"锁定"在原有路径上。两岸产业合作的生命在新生代青年人身上，这种"世代更替"的力量将作用于两岸科技产业合作。未来已来，两岸科技产业合作务必要深入数字经济的内核中，顺应数字经济的发展规律和特点，推动科技产业合作的形态转型。

我们认为，两岸科技产业合作进入数字经济时代，应至少关注以下几个关键词：速度、边际性、跨界、合作、定制、体验、产权。第一，数字经济遵循着后摩尔定律，技术更迭更快。"流量"成为边际性的代名词。实现数字经济的规模性要依赖于流量。青年人是流量的实现主体。必须充分研究两岸青年人在数字经济中的活动表现和消费特征。第二，数字经济颠覆了传统的企业边界，业务发生在不同行业的不同价值链环节。因此，跨界融合趋势将更加显著。对此，传统制造业台商应尽快融入大陆的工业物联网体系；服务业台商则要更好地使用消费物联网开拓市场。"陆资入岛"项目也应以这类数字经济形态为主要投资方式。第三，数字经济凸显了顾客价值。由于有数据工具和手段作为支撑，因此实现顾客参与、重视顾客体验尤其重要。突破两岸的空间距离局限，将两岸青年人架构在一个共同的网络社群体系中，对青年人的网络使用动向及时关注、引导和监管。第四，数字经济会有数据、信息和服务，因此产权是建立信任和合作共识的基础要件。两岸科技产业合作中的成果转移转化机制应被提上议事日程。

（2）智能制造是两岸科技产业升级的主导方向

传统制造业的运作方式主要是"流水线＋工人"。智能制造业是以"智能车间＋

机器人"为主要形态，以工业数据互联互通为核心，以"机器换人"为特征。全球
实践证明，2018 年全球智能制造市场规模达到 1770 亿美元，是 2015 年的近 4 倍。
2018 年工业机器人市场（不包括外围设备、软件和系统工程的价格）规模为 169 亿
美元，预计 2019—2024 年复合年增长率为 12%，到 2024 年将达到 317 亿美元。汽
车行业为最大的下游应用行业。2018 年，全球增材制造总市场规模达到 96.8 亿美元，
5 年复合年增长率为 26.1%。应用领域已经从学术界、消耗品和电子领域转移到航空
航天和汽车领域。作为"人工智能＋工业"的落地场景，2025 年机器视觉市场规模
有望达到 150 亿美元，5 年复合年增长率为 14%。①

　　台商在 20 世纪 90 年代开始投资大陆，最主要的原因就是看重大陆丰沛的产业
资源，尤其是劳动力资源的总量和成本优势。传统产业的台资企业依靠粗放型生产
方式、资源规模优势和综合成本优势，实现了在大陆的快速发展。然而，这种发展
方式在"人口红利"锐减的情况之下，难以为继。实现制造业可持续发展的前提是
进行价值链升级，全面实施智能制造计划。

　　从发展经验上看，传统制造业的台资企业具有很好的精细制造能力和技术转化
能力，在企业管理流程和方式上也具有优势。这些因素都能够转换到智能制造环节。
同时，在岛内，在一些先进制造领域如精密机械、光学制品和面板显示、电子元器
件等，台湾企业也具有很强的竞争优势。例如，总部位于台北市的英业达集团，是
全球服务器制造商与全球十大笔记型电脑代工厂之一。在桃园的主板生产厂于 2018
年开始引入人工智能进行产品技术检测，引入制造云进行自动化升级。基于上述原因，
两岸应该以"智能制造"为主导方向，鼓励台商到大陆投资设厂；加大对已有大陆台
资进行智能制造升级的研发激励；搭建两岸智能工厂合作平台，探索大陆台资与大陆
企业的工业物联网合作模式，切实保护大陆台商的经济利益。

5.2　两岸集成电路产业合作

　　在人工智能、物联网、5G 通信等技术手段日益改变全球生产网络的同时，集成
电路（IC）产业发展也进入"后摩尔时代"。量子器件、自旋电子器件、模拟器件等

---

① 亿欧（Equal Ocean）. 2019 全球智能制造科技创新 50 报告 [R]. 2019.

产品不断变革创新，IC 与多学科交叉融合的技术研发变得异常活跃。由于 IC 产业总体步入成熟期，因此风险投资下降，国际并购频繁，新兴市场竞争激烈；加之美国和欧盟国家产业政策调整，也给全球 IC 产业生产网络和贸易投资环境带来了巨大的不确定性。集成电路产业链的垂直整合趋势日益加强，IC 设计、外包制造服务（晶圆制造与封测）的发展态势明显。国际半导体产业协会（SEMI）公布的《全球半导体设备市场统计报告》（WWSEMS）指出，2016 年半导体制造设备的销售金额总计为412.4 亿美元，较 2015 年增长 13%。2016 年 10 月 31 日，美国总统科技顾问委员会（PCAST）宣布成立白宫半导体工作组。2017 年 1 月专门发布了《持续巩固美国半导体产业领导地位》的报告。可见，美国将 IC 产业视为国家核心利益所在。整体上看，在 IC 产业领域，中国台湾进入早，与美国产业链上下游关联度很高；中国大陆在 IC产业上则具有后发优势。

自 20 世纪 90 年代台湾地区提出包括通信、资讯（信息）、消费性电子、半导体、精密机械与自动化、航太、高级材料、特用化学与制药工业、医疗保健和污染防治十项高科技产业的"十大新兴工业"项目与发展策略以来，半导体产业就成为我国台湾地区在全球生产网络中具有重要竞争力的领域。近年来，台湾产业结构也在发生巨变，从近 10 年的台湾三次产业结构比例上看，制造业产值比例保持在 32%左右，服务业产值比重约为 65%。向服务经济转型的过程中如何保持原有制造业的竞争力，也是其面临的重要挑战。2017 年台湾 GDP 达到 16.3 万亿元新台币，其中制造业占比 30.7%，服务业占比 64.2%。台湾经济景气指数与制造业经济贡献率呈现出显著的正相关特征，服务业所受影响不大。进入 2010 年后，全球金融危机和经济形势的震荡，以及信息技术和人工智能等前沿科技的迅速崛起，使得主要依靠外向型经济发展模式的台湾产业，面临着更多的市场风险和全球生产网络重构的不确定性。

5.2.1　台湾地区 IC 产业总体情况

台湾 IC 产业曾在全球生产网络中具有核心竞争优势，从上游的 IC 设计（存储器、芯片）到制造，再到中游的封装测试，均保持着领先地位。自 2012 年开始，我国台湾地区曾连续 5 年成为全球最大的半导体设备市场，2016 年设备销售金额达到 122.3亿美元，较之 2015 年增长了 27%。以东南亚为主的其他地区（80%），以及中国大陆（32%）、中国台湾（27%）、欧洲（12%）与韩国（3%）等地对半导体设备的支出率都呈现增长趋势。虽然台湾 IC 产业近年来产值增长率略有下降，但绝对值一直呈现上升趋势，参见图 5.3。其中，IC 制造业产值 2015—2017 年占 IC 产业总产值比例达到 54%，其中晶圆代工占 IC 制造的 80% 以上。但时过境迁，当全球生产网络在国际政治经济形势下快速调整时，台湾地区制造业发展面临着岛内结构转型和全球产业网络变化的双重压力：产业投资动能不足，人力资本和劳动力缺口较大，产业附加值率低。

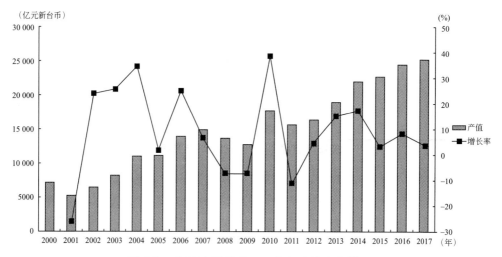

图 5.3　台湾地区近年 IC 产业产值变化情况

资料来源：台湾经济年鉴 2015，台湾半导体产业年鉴 2017。

台湾地区 IC 产业竞争力体现在垂直分工环节。IC 制造是主要的利润区，是外包型服务设计制造生产基地，参见图 5.4。同时，大陆对智慧型手机需求的增加以及全球大企业的外包服务需求的增加，均对台湾 IC 企业的成长具有重要的拉力作用。大陆对台湾的集成电路进口约占其从台湾进口的机电产品总量的 60% 以上。台湾主要 IC 厂商以台积电实力最强，联发科成长性最好，参见表 5.9。除英特尔公司之外，高通、NVIDAI 等美国芯片大公司都由台积电代工。台积电、联电、三星、SK 海力士等大型企业产能增长快速，尤其是在对未来记忆体的开发制造上表现突出。

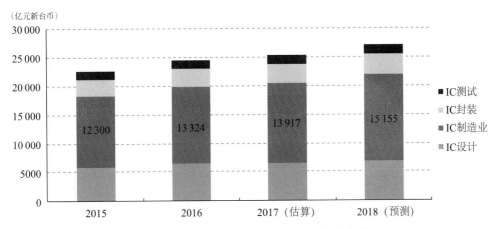

图 5.4　台湾地区 IC 产业细分行业产值变化情况

资料来源：台湾半导体产业年鉴 2017。

表 5.9　台湾主要 IC 厂商营收情况（排名前 5 位）

厂商名称	2015 年营收 （亿元新台币）	2016 年营收 （亿元新台币）	成长率（%）
台积电	8435	9479	12.4
联发科	2133	2755	29.2
日月光	1418	1523	7.4
联电	1448	1523	2.1
矽品	828	851	2.8

资料来源：台湾半导体产业年鉴 2017。

从产业技术优势看，在 IC 产业专利授权部分，日本、美国、韩国、中国台湾、德国排名前五；其中，中国台湾共 7759 件，在显示性比较优势指标（RTA）上，中国台湾达到 2.61，优势较为突出。[1] 参见表 5.10。

表 5.10　2010—2014 年台湾地区具有显示性比较优势的技术领域

RTA >2.0		1.5<RTA<2.0		1.0<RTA<1.5	
IC	2.61	基础电子电路	1.89	消费品	1.26
电力设备	2.25	光学	1.64	微结构与纳米技术	1.19
视听技术	2.03	工具机	1.59	控制	1.15

① 台湾"经济部"技术处."2015—2016 年台湾产业技术白皮书"[M]. 2015 年 9 月.

5.2.2 大陆地区 IC 产业情况综述

2014 年大陆发布《国家集成电路产业发展推进纲要》，建立 IC 产业投资基金，启动了长江存储、中芯国际等一批重大项目。2016 年大陆集成电路产业销售收入达到 4336 亿元人民币，同比增长 20%。国家基金和私募资产金融总额达到 1500 亿美元，周期 10 年左右。[①] 大陆开始构建从设计、研发、制造、材料、晶片、制造、封装、测试等一整套环节的完整产业链模式。大陆 IC 制造和封测环节是主要利润区，但是近年来 IC 设计产值比例逐年增加，IC 产业价值链开始攀升。大陆 IC 产业的贸易依存度高、逆差大（2016 年达到 1600 多亿美元），而且进出口主要地区在亚太地区（包括韩国、日本和中国台湾）。产业贸易逆差在 2017 年达到 1900 亿美元，大陆市场销售额为 831.2 亿美元。参见图 5.5。大陆是 IC 消费大户，2007—2008 年大陆的半导体消耗就占到全球的 1/4 以上。但是，在自主晶片生产能力上，还不到 10%，其中 CPU、MCU、记忆体、DSP 等 ASSP 晶片主要依靠进口。

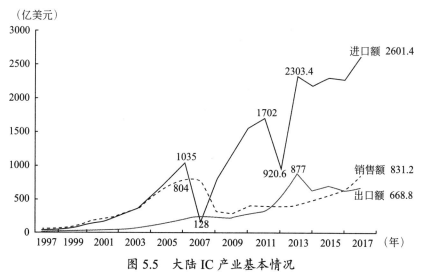

图 5.5　大陆 IC 产业基本情况

数据来源：销售额数据根据中国半导体行业协会统计数据整理 http://www.csia.net.cn/Article/ShowClass.asp?ClassID=4. 进口额和出口额数据根据中国海关统计资料整理 http://www.customs.gov.cn/publish/portal0/tab68101/.

---

① 中国电子信息产业发展研究院 . 2017—2018 年中国集成电路产业发展蓝皮书 [M]. 北京：人民出版社，2019.

IC Insights 数据显示：存储器、芯片和微处理器将是未来的主要竞争场。①2008年开始，全球半导体行业景气指数总体下滑，企业间并购与竞争程度日趋激烈。2008 年 10 月，美国最大电脑内存芯片厂商美光公司以 4 亿美元收购了中国台湾的华亚科半导体旗下的奇梦达的股份；2015 年收购了与台塑集团合资的华亚科全部股权（占到华亚科股权的 35.6%）。同年，南亚科投资 315 亿美元获得了美光的私募股权。美光收购华亚科后，在控制与优化技术进程与生产设施方面，有了更大的灵活性。摩根士丹利分析说：美光同意授权南亚 1x 和 1ynm DRAM 技术，是为了确保知识产权不会外泄给中国大陆。②

2008 年以前，大陆 IC 企业规模普遍不大；2008 年市场并购兴起，浪潮、比亚迪等多个国内企业开始进入半导体行业，大唐国际成为中芯国际最大的股东。其中，国内 IC 设计业出现了展讯（Spreatrum）、锐迪科微电子（RDA）、华微电子（Jilin Sino-Microelectronics）、华为海思（HiSilicon）等成功的 IC 设计企业。大陆地区在 2010 年进口的芯片金额超出了 1000 亿美元。不过当时，包括海思、展讯在内的中国十强通信集成电路设计公司的总销售额只有 16 亿美元，不到进口总量的 1.6%。2014 年集成电路产业内销产值比例仅为 34.7%，高端芯片依赖进口。从 2016 年开始，中国大陆首次超过日本成为继中国台湾和韩国之后的第三大半导体设备支出区域，增长速度超过 30%。关于大陆 IC 产业的三类领域的产值和比例变化情况，参见图 5.6 和图 5.7。

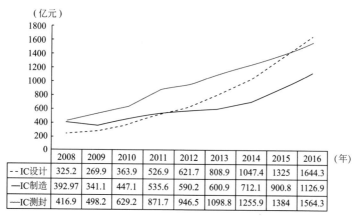

（亿元）	2008	2009	2010	2011	2012	2013	2014	2015	2016
- - IC设计	325.2	269.9	363.9	526.9	621.7	808.9	1047.4	1325	1644.3
—IC制造	392.97	341.1	447.1	535.6	590.2	600.9	712.1	900.8	1126.9
—IC测封	416.9	498.2	629.2	871.7	946.5	1098.8	1255.9	1384	1564.3

图 5.6 大陆 IC 产业近年产值变化趋势

数据来源：《2016—2017 年中国集成电路产业发展蓝皮书》。

---

① 中国电子信息产业发展研究院.2016—2017 年中国集成电路产业发展蓝皮书 [M]. 北京：人民出版社，2017.

② 近年来半导体产业知名的并购案有哪些，对行业有何影响？[EB/OL]. (2016-06-08). http://ee.ofweek.com/2016-06/ART-8420-2801-29105932.html.

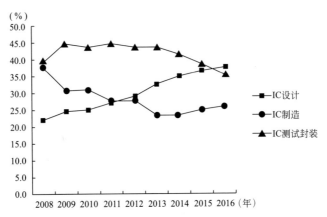

图 5.7　大陆集成电路产业主要行业产值结构变化

数据来源:《2016—2017 年中国集成电路产业发展蓝皮书》。

5.2.3　两岸 IC 生产网络布局变化

我国台湾地区在全球 IC 生产网络中的嵌入性较高,具有较强的制造、研发和运营经验,OEM 的比较优势明显,尤其是在 0.35 微米到 0.18 微米的晶片制造上。从两岸 IC 产业关系上看,大陆是台湾 IC 产品的主要出口地,也是大陆台商的主要投资领域,与大陆形成了比较明晰的产业垂直分工关系。虽然两岸 IC 产业的关联度很高,但台湾一直以来仍对大陆的 IC 产业技术合作与投资采取管制态度。

（1）当前两岸 IC 生产网络

IC Insights 数据显示:2016 年全球前 20 位营收的半导体企业中,3 家在中国台湾,8 家在美国,2 家在韩国,3 家在欧洲,1 家在新加坡,3 家在日本。全球前 20 大设计企业,包括大陆的海思半导体有限公司（HiSilicon）和展讯通信与锐迪科（Spreadtrum +RDA）,台湾的联发科技股份有限公司（MediaTek）、联咏科技股份有限公司（Novatek）和瑞昱半导体有限公司（Realtek）,其他企业在美国。当前大陆与台湾在半导体产业的状态是“同质竞争与比较优势”并存。随着全球物联网和汽车电子市场规模的扩大,对存储器和特定应用产品（ASSP）的需求将会提升。大陆台资企业在电子元器件和计算机领域积累的投资运营优势,为大陆 IC 台资提供了下游需求。

从企业发展看，联发科将大陆作为主要市场，产业上游的晶圆企业是台积电和联华电子。2009 年开始，联发科与印度、日本等国联合研发新一代手机芯片。2014 年，联发科手机芯片 MT6735 原生支援 CDMA2000 技术，下游采购商为中兴通讯、联想、TCL 等国内企业。晶圆代工的第一大厂商——台积电，在上海松江工业园区设立了 8 寸晶圆厂，业务主要在中国台湾新竹园区和美国。全球市场占有率达到五成的台湾封测企业——日月光，在上海浦东（张江、金桥）、昆山、苏州、山东威海等地均设立了生产基地，iPhone 手机的上游供货商，如高通、英飞凌、NSP 等厂商是日月光的下游客户。矽品、力成等台湾地区封测企业，在全球封测业的核心竞争力排在前 10 位，这些企业在昆山设立了生产基地。

总体上讲，两岸 IC 产业关系可以用图 5.8 表示。从比较优势看，大陆的优势在政策扶持和产业基金，台湾的优势在关键环节技术能力及全球网络（为欧美企业代工）。台湾在大陆投资的 IC 企业，主要经营领域是 IC 封测。大陆企业在台湾 IC 产业链的角色是下游客户和生产基地。可以说，两岸整合优势并不突出。

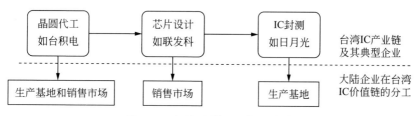

图 5.8　当前两岸 IC 产业关系

（2）两岸 IC 产业关系转型：SCP 范式逻辑

SCP 范式（结构—功能—绩效）是研究产业变迁的重要方法。1940 年产业经济学家克拉克（Clark）在《经济进步的条件》中提出了产业结构变迁的理论。[①] 库兹涅茨（Kuznets）通过分析 59 个国家的经济结构数据提出了劳动力与产业结构变迁的结构分布。钱纳里（Chenery）的工业化阶段的划分更是将自然资源的相对丰裕度、国家规模、技术变化、贸易政策、城市化纳入产业结构变迁的因素。如果从最近几十年盛行的经济地理学派角度看，空间积聚则是结构、行为和绩效的要素。克鲁格曼（Krugman）从空间相互联系的可能性、路径依赖、因果循环等空间分布特征，阐释

---

① F L, Clark C. The Conditions Economic Progress[J]. Population, 1960(2):374.

了产业演化特性。①② 克鲁格曼研究指出，中间产品的运输成本远远低于最终产品的运输成本时，产业集聚不会发生。从这一角度看，当前中美贸易摩擦将显著增加关税的产品运输成本，因此在地理空间上看可能会促成诸多生产要素的地理空间分割，从而产生新的空间集群。当前，伴随大陆硬件基础设施和信息通信基础设施的高速发展，很多行业的资源和中间品的可获得性越来越强，空间半径因素影响逐渐减弱。互联网提升了产业链整体运行效率。因此，台湾企业在大陆投资的首选区位因素已经不是原料供应便利性或者是高的政策优惠度，与本地产业的关联性以及与地区间产业的嵌入性成为主要考量点。从大陆台资制造业行业分布看，电子零组件、电脑、电力设备、机械设备、化学材料这五大制造行业与台湾总体制造业结构变动趋势是高度吻合的。

从长期看，两岸 IC 产业的 SCP 范式将会改变。两岸 IC 产业关系中，美国因素影响很大。美国在研发、品牌、高技术服务、关键零部件制造等方面都对两岸 IC 产业关系产生着影响。这已经形成了"路径依赖"。美国特朗普政府不断挑起贸易摩擦，源于其对中国企业自主创新突破了这种"路径依赖"下生产网络的焦虑，美国更可能企图从贸易端反向促使生产端和投资端的全球要素的再分配。美国为维持自己在全球 IC 产业中的核心优势，势必将把中国台湾地区继续作为 IC 产业环节中的一枚棋子来利用。长远来看，台湾地区 IC 产业将会变成美国的附庸。对台湾地区而言，跟随美欧主导的全球生产网络，只会越来越被动。

当前，大陆市场容量巨大，产业体系完整，新技术应用场景日渐丰富，公众对新兴科技的需求多元。这些条件可以为台湾地区 IC 企业提供更深远广阔的消费市场。大陆的物联网行业快速发展，大数据也有广阔的实践场域，智能制造和新能源汽车产业对存储器和特定应用产品（ASSP）的需求更是推动了半导体产业的研发和制造。因此，台湾只有切实加强与大陆的合作创新，才能规避全球 IC 市场的冲击，有效地维护住自身核心利益。从操作层面来讲，两岸应携手合作，确定两岸产业贸易的原产地规则，尽快为两岸关键重点行业企业提供产业链垂直和水平合作的资金、政策、人才等平台型措施，使已有的大陆台资实质性融入大陆产业链体系，完善两岸的 IC 自主创新型生产网络。

① Krugman, P. Geography and trade[M]. Cambridge: MIT Press, 1993:55-76.
② Krugman P. What's new about the new economic geography? [J]. Oxford Review of Economic Policy, 1998(2):7-17.

5.3　两岸先进装备制造业合作

装备制造业是发展实体经济的主要领域，包括美国在内的发达国家都将装备制造业作为重返实体经济和重塑国家竞争力的主要领域。如专题报告《确保美国在高端制造业的领先地位》的出台，以及"高端制造合作伙伴计划"，揭示了美国在实体经济和高端制造业领域的主导意图，即支持制造业降低成本，提高质量和加快开发产品，"在这里发明、在这里制造"，以确保美国"世界创新发动机"的地位。

从产业分类上看，根据我国国民经济行业分类（GB/T 4754—2017），装备制造业产品范围包括机械、电子和兵器工业中的投资制成品，分属于金属制成品、通用装备制造业、专用设备制造业、交通运输设备制造业、电气机械及器材制造业、电子及通信设备制造业、仪器仪表以及文化办公用品装备制造 8 大类 185 个小类。在上述装备制造业领域中，先进装备制造业体现着高技术、价值链高附加值、产业链核心环节。装备制造业是现代产业体系的脊梁，是推动工业转型升级的引擎。

2010 年 10 月，国务院正式发布了《国务院关于加快培育和发展战略性新兴产业的决定》，其中发展高端装备制造业成为一个重要的产业目标。高端装备制造业从大类上分，包含高档 CNC 工具机、精密加工设备、海洋工程装备、工业机器人与专用机器人等。《增强制造业核心竞争力三年行动计划（2018—2020 年）》中指出：在轨道交通装备、高端船舶和海洋工程装备、智能机器人、智能汽车、现代农业机械、高端医疗器械和药品、新材料、制造业智能化、重大技术装备等重点领域加强政策支持和环境培育。

大陆装备制造业销售额 2009 年就已经居于世界第一；2010 年机械装备工业总产值达到 14.38 万亿元人民币，产值和产量已成为世界第一；工业自动化控制系统和仪器仪表、数控机床、工业机器人及其系统等部分智能制造装备产业领域销售收入超过 3000 亿元人民币。2017 年中国大陆装备制造业资产规模已经超过 24 万亿元人民币；其中机床行业超过 1 万亿元人民币，电工电器行业超过 5 万亿元人民币，空天运输设备行业超过 1.7 万余元人民币。整个行业的主营业务收入超过 25 万亿元人民币。进出口总额超过 7800 亿美元，顺差为 1088 亿美元。在《中国制造 2025》背景下，一批关键技术形成了自主知识产权，打破了国外垄断。到 2020 年，高端装备制造业销售产值将占装备制造业销售产值的 30% 以上。2017 年，仪器仪表制造业、专用设备制造业、电器机械及器材制造业、通用设备制造业和空天设备制造业增速大致在 9%~13%。①

近些年来，受国际经济下行和国际贸易双重压力，大陆装备制造业发展速度放缓，面临"转型升级"挑战。大陆有健全的制造业体系，在装备制造业领域的需求强烈。在"工业母机"——机床方面，高档数控机床 90% 以上依靠进口，高档数控系统 95% 依靠进口，高档仪器仪表 90% 依靠进口，有些产品的进口还受限制。国外机电产品在大陆市场上的份额已达 30%，某些技术含量高的产品进口份额已占大陆市场的 50% 以上。在关键的高端制造领域，对那些开展零部件和产品研发的制造商来说，仍需要持续的创新突破。2016 年高端装备发明专利也仅占到国内发明专利总数的 11.53%。

不过，事物总有两面性，挑战同时也是转型机遇。近几年来，随着中国大陆自主创新战略的实施，国内对智能制造、新材料、智能机器人、3D 打印、大数据与工业物联网这些新兴产业的培育已经初见成效。在一些高端装备制造领域涌现出了一批智慧工厂、智慧车间、智慧车床。2019 年 8 月，世界首台自主研发 8.8 米超大采高智能化采煤机正式问世。一批批大国重器的横空出世，标志着中国已经开始跻身全球制造业强国行列。

5.3.1 台湾地区装备制造业的发展情况

在台湾地区，装备制造业属于机械工业，在模具、电子生产设备、塑料机械、木工机械、切削机床、成型机床一些领域具有世界级水平。台湾地区机械制造业出口以工具机为主，2018 年机械工业产品出口总额为 272.09 亿美元，其中工具机产值占 13.4%，成为全球第六大生产基地。②

台湾地区装备制造业具有以下显著特征：一是产品的品质与性价比具有较强的市场比较优势；二是其产品配套能力和物流速度优势显著。在台湾岛内，产品零部件在 10 千米之内都可以进行绝对配套。产品统筹采购与售后服务也具有区位优势。全球多数地区的产品从订货到取货要半年左右的时间，而台湾地区正常情况下是 3 个月交货。在技术研发领域，台湾地区强调绿色机器、高效率、高精度、高速和高品

---

① 徐东华，曾祥东，史伸光，聂秀东 . 中国装备制造业发展报告 (2018)[M]. 北京：社会科学文献出版社，2018.

② 台湾机械工业同业公会网站 . 台湾机械进出口统计分析表 . http://www.tami.org.tw/sp1/statistics.php.

质化的装备制造业发展。在超音波振动切割技术研究（东台精械）、镭射制造（熔覆成型及微细加工）、工具机智能化（简易操作、线上生产统计、智能监控等）一些重点技术领域还需要提升研发能力。目前，台湾将高精度智慧制造系统的技术定为以下重点方向：①高精度寿命工具及复合化技术、智慧反馈补偿与能效调整、微型工具机；②控制系统技术，如标准 CNC 车床铣床；③多轴多系统复合加工控制技术，plug&play 功能、网络资料传输监控功能、平行运算机制、控制系统自我健康诊断机制等。[①] 自 2012 年起，台湾"工研院"向台湾企业转让的精密机械科技专案成果总计 39 件。其中智慧机械 9 件、制造设备技术 13 件、智慧自动化技术 10 件、放电加工技术 2 件、线切割放电加工技术 2 件及工具机 3 件。[②]

中国台湾主要机械工业产品的进出口地区是中国大陆、美国和日本。2018 年中国台湾对中国大陆、美国和日本三地的机械产品出口总额达到 147.65 亿美元，占台湾地区当年机械产品出口总额的 54.26%。2018 年台湾地区机械产品进口总额为 281.39 亿美元。其中，从日本、美国和中国大陆进口的机械产品总额占 65.49%。[③] 图 5.9 显示：台湾对大陆的机械产品进出口一直为顺差。

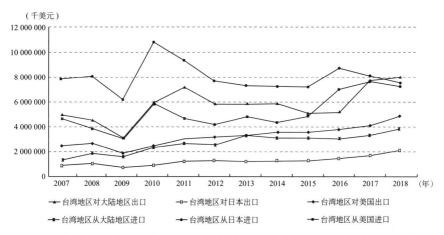

图 5.9　中国台湾对中国大陆、日本和美国三地的机械产品进出口总额情况
数据来源：台湾"行政院"主计处。

① 台湾"经济部". 2020 关键报告 (科技篇) 下 [M]. 台北：财团法人资讯工业策进会产业情报研究所 (MIC).2011.
② 台湾机械工业同业工会 . 工研院智慧微系统科技中心 2018 年研发成果及可移转技术公告 . http://www. tami.org.tw/sp1/research.php.
③ 台湾机械工业同业工会 . 台湾机械进出口统计分析表 [OL]. http://www.tami.org.tw/sp1/research.php.

5.3.2　两岸高端装备制造业合作

（1）合作特征

当前，全球工具机的生产与消费重心已经由欧美日移转到海峡两岸，Gardner 的统计数据显示，2008 年，两岸的机床生产总值已经超越日本成为全球最大的工具机生产基地（日本 19.3%，中国大陆 17.0%，中国台湾 6.1%）。两岸工具机制造商进入全球前十大的企业包括沈阳机床、大连机床与友嘉集团。

两岸装备制造业的发展主要仍以两岸产品贸易（台湾对大陆出口装备制造业产品）为主，大致经历了三个主要阶段。第一阶段从 1991 年到 1997 年，这是台湾地区对大陆地区出口的扩张期。在此期间台湾对大陆出口机械设备产品，由 1991 年的 244 亿元新台币增加到 1997 年的 866 亿元新台币，增加了 622 亿元新台币；而同期台湾自大陆进口的机械产品合计只有 170 亿元新台币，除了 1997 年突破 50 亿元新台币以外，每年从大陆进口的机械产品值仅为约 20 亿元新台币。第二阶段为 1997 年到 2009 年前后。大陆地区在此期间对机械设备的需求已开始转向高精与专用设备为主，对进口机械设备的需求大幅提高。这期间台湾对大陆机械产品由 1999 年的 788 亿元新台币，增加到 2004 年的 1572 亿元新台币；同期台湾自大陆进口的机械产品也在 2004 年首次突破一年 300 亿元新台币的规模，2005 年达到 334 亿元新台币。第三阶段为 2009 年以后，两岸装备制造业进入一个较快的贸易增长阶段。金融危机后，2009 年"陆资入岛"以及 2010 年 ECFA 签署，为两岸在一些关键领域合作创造了新的机会，大陆市场成为台湾地区装备制造业发展的重要支撑。[①]

工具机是两岸装备制造业合作的主要领域。台湾主要的工具机产业集群位于台中市，在工具机整机和部分关键零组件制造领域具有一定的领先优势。但是，缺少品牌和市场、产业链中间环节的脆弱性以及研发创新能力较弱等问题，近些年来影响了台湾地区工具机行业竞争力的进一步提升。在台湾地区，工具机被称为"工作母机"，主要包括金属切割、金属成型、零组件（工具、刀具生产）、检测设备、生产与仓储系统、工业用机器人与机械臂六大类。大陆工具机产业 2010 年产值为 209.1 亿美元，进口额 94.2 亿美元，出口额 18.5 亿美元。其中磨料模具与切割刀具成为工具机产品中出口额最大的两类产品，两类共占工具机出口额的 44.6%。数控金

---

① 此段数据来源：台湾"经济部"主计处。

属加工机床出口平均单价持续下降，下降幅度较大的有卧式加工中心、龙门加工中心、数控磨床和数控冲床。台湾工具机及零组件工业同业公会（TMBA）统计数据显示：2007 年台湾地区生产了 2.5 万台立式加工中心，居全球之首，其中有 3611 台供货给大陆地区，总值达到 2.47 亿美元，台湾成为大陆市场上第二大立式加工中心供应地。2008 年以前，台湾工具机贸易总额达到 37.21 亿美元。然而 2008 年全球金融危机对台湾工具机贸易产生严重冲击，也影响了台湾地区工具机产业的发展。目前，台中精机、永进机械和东台精机等工具机产业的整机厂，以及 20 余家协力厂，已经成立了台湾工具机产业（M-Team）联盟，共同推动工具机产品升级，大幅缩短产品交期，整个联盟的总产值逾 500 亿元新台币。

（2）合作中存在的主要问题

当前，两岸在装备制造业上的合作主要以产品贸易为主，产业投资和技术研发合作尚未形成规模。即使有部分产业投资，也还处在制造业低端，附加值低、规模化小，亟待在高端装备制造（如智能制造）等领域有所突破。再者，在 ECFA 采购清单中，大陆进口台湾方面的装备制造产品包括 161 个项目，税率高于 15% 的只有 7 项（早期收获计划实施第 2 年减为 5%，剩余全部关税为 0）；台湾进口大陆的装备产品包括冷压及冲压金属片、机器用冲头及模、落锤锻模、其他滚针轴承。这些产品中税率高于 7.5% 的有 6 项（早期收获计划实施第 2 年减为 2.5%，剩余全部关税为 0），这说明两岸在装备制造产品贸易方面应加快互惠互利步伐。ECFA 采购清单中的主要产品也集中在产业价值链低端产品，如变频器、细纱机、梳棉机、清花机、LCD 面板机器外壳、注塑机、射频信号发生器、电脑锁边机、二氧化碳保护电焊机、前后帮机（制鞋）、罗拉车等。在高端产品领域合作还相当欠缺。与此同时，两岸装备制造业也缺少技术研发环节的深度合作，产业链高端产品主要掌握在国外厂商手中。在制度环境方面，大陆装备制造业的市场培育还需要进一步加强，比如基于产品端建立普惠市场准入条件、高端装备和高档软件行业自主创新等问题亟待解决；而台湾的岛内市场空间狭小，以及关键技术和品牌受制于国外厂商等问题也亟须解决。

5.3.3 两岸装备制造业合作重点

（1）积极培育大陆市场，加快岛内市场的转型

大陆对重大智能制造成套装备的研发、示范和依托工程是装备制造业发展的重要动力。同时，大陆投资潜力与市场容量也非常大。但是，大陆装备制造业的内需市场仍存在着区域市场要素分割、资源分散等问题。台湾地区市场容量不大，但是由于地理空间狭小，却能使供应链效率较高。因此，两岸装备制造业合作，一是要重视大陆市场的培育，二是要通过整合地区间的产业资源促进"共同市场"建设，如结合智能制造的"智能制造装备品牌建设工程"，根据大陆和台湾的区位优势，制定并实施品牌培育战略。

（2）加快两岸共同关注、具有互补优势的共性技术研发

两岸装备制造业在垂直化整合模式基础上，应重视关键的共同技术研发合作。可基于 ECFA 的制度平台和两岸的"产业搭桥"专案，选择一批有前景的高端装备技术项目，争取台湾企业落地大陆和大陆企业落户岛内。在共同的关键技术和专利方面，以及在知识产权制度对接基础上，提前开展布局。例如，在工具机行业，我国大陆与台湾地区虽然在硬件规格方面与国际水平相当，但是在实际的机器加工效能、精度、稳定性与可靠度等方面都无法与日、欧厂商相比，售价不到日本产品的六成和德国产品的四成，这其中的关键原因是欧洲或日本厂商已经大量运用机电整合（mechatroncs）、检测技术、在线监控（on-line monitoring and control）、传感器（sensors）、软件（value-added software）和系统整合工程等软实力（softpower）技术来提升机器的加工效能与可靠性。因此，两岸亟须在这些领域和关键点上实现共同突破，如两岸在工具机行业应该瞄准工具机制造的软性技术，在一些细分的技术领域开展合作。

（3）重视两岸协同型产业链建设，积极培育合作共赢的产业生态

大陆机械制造业发展较早、体系健全，但创新能力有待提高；台湾中小企业是主体，集中在组装环节，但精致化、精密化特点突出。此时，如果能够建设协同型产业链，实现"你中有我，我中有你"的完整产业发展格局，势必会弥补彼此弱势，提升共同的竞争力。同时，面对大陆核心技术和主导市场在外，以及台湾人力成本

上升、核心人才流失严重等问题，两岸应积极培育合作共赢的产业生态，避免产业投资的"过热"与"过冷"；同时有效利用两岸在装备制造业领域的政策便利措施，寻找合作的突破点。更为重要的是，两岸应积极培育产业发展的外部环境，在产业集群、研发平台、市场准入、知识产权、人才使用等方面，为两岸装备制造业向高端化、智能化和服务化发展提供支撑。

5.4 两岸生物医药产业合作

生物技术产业包括传统生物技术产业和现代生物技术产业。现代生物技术产业包括基因工程、细胞工程、酶工程、发酵工程。现代生物技术产业主要是医药生物技术（包括生物技术药物、疫苗、血液制品、生化药物、诊断试剂、抗生素等）、农业生物技术（包括转基因农作物、现代育种和超级杂交水稻、植物组织培养、生物农药、饲料添加剂、兽用疫苗等）、工业生物技术（氨基酸、发酵有机酸、酶制剂）和其他产业（品），如天然药物、保健品、环保产业、生物能源、生物材料和组织器官工程等。生物技术产业的发展将最终解决世界人口、粮食、环境、健康、能源和海洋等影响 21 世纪人类生存的重大问题。近年来，全球生物产业增长速度是世界经济平均增长率的近 10 倍，生物技术引领的新科技革命正在加速形成，生物技术不断有重大突破，并有可能催生新的产业革命。

大陆将生物技术界定为以下 5 项技术（工程）：基因工程、细胞工程、酶工程、发酵工程以及蛋白质工程。综合来看，生物技术不完全是一门新兴学科，而是包括了传统生物技术和现代生物技术两部分。其中传统的生物技术是制造酱、醋、酒、面包、奶酪、酸奶及其他食品的传统工艺。而现代生物技术则是指 20 世纪 70 年代末 80 年代初发展起来的，以现代生物学研究成果为基础，以基因工程为核心的新兴学科。大陆的生物技术着眼点是将生物技术与生命科学相结合，包括了传统生物技术产业和现代生物技术产业的完整体系。

《台湾生物技术产业年鉴 2008》对生物技术定义为："为运用生命科学方法（如基因体学、蛋白体学、基因重组、细胞融合、细胞培养、发酵工程、酵素转化等）为基础，进行研发或制造产品或提升产品质量，以改善人类生活素质之科学技术。"

可见，台湾对生物技术的定义基本上与国际接轨，但格外重视将该科学（产业）与自身现有的产业特点（如化学、电子工程学等学科）相结合，并且将生物技术和目前台湾地区的产业发展情况及长期规划相结合，着重于生产与市场的应用，而非基础科学研究的全面与领先。

5.4.1　全球与两岸生物医药产业的发展情况

生物医药产业是当前全世界主导型的新兴产业。全球市场规模预计将会从 2015 年的 1.46 万亿美元，上升到 2019 年的 1.7 万亿美元。全球生物药市场份额占药品市场总额比例从 2015 年的 14% 上升到 2019 年的 17%。[①] 生物制剂、基因检测、医疗器械和互联网医疗是四个成长性最好的领域（年均增长 30% 以上）。各经济体在竞相进行创新要素布局、政策规划以及产业培育。相比小分子药物（small molecule drugs），许多大型生物制药企业正在加大对生物药（biopharmaceutical）的研发力度。事实上，多个研究资料显示，生物药占大多数医药企业研发投入的 40%~50%。也正是因为生物医药产业发展的巨大潜力以及对经济社会的带动性，生物医药产业被很多经济体视为与国家利益关联的新兴产业。美国就将其列为技术敏感的 27 个技术行业之一。2018 年 4 月 3 日，美国贸易代表办公室（USTR）依据"301 调查"结果公布了加征关税的中国商品建议清单。该清单包含大约 1300 个独立关税项目，总价值约 500 亿美元。高端医疗器械、普通医用耗材和中低端医疗设备都在拟征税清单行列。生物医药产业是大陆"十三五"战略性新兴产业的重要领域，规划到 2020 年将达到 10 万亿元人民币的产值，增速总体上应超过 15%。

台湾地区生物医药和生物技术（以下简称"生技"产业）起步比较早，从 20 世纪 90 年代开始，台湾地区在生物医药产业领域推出了若干政策措施和制度安排。在当前中美贸易摩擦持续情况下，大陆如何培育生物医药产业集群创新能力，并与岛内的生物医药行业进行两岸生产网络和价值链重塑，是一个重要的产业议题。

---

① 新浪医药新闻 .2019 年中国生物医药产业发展报告 [R/OL].(2019-12-28). https://med.sina.com/article_detail_103_1_76015.html.

5.4.2　中美贸易摩擦对大陆生物医药产业的总体影响

（1）总体影响可控

从中美两国 2018 年主要进出口商品构成看，医疗设备、药品、医药上游原料是主要商品，但是全年美国主要对中国出口产品总值同比降低了 7.4%。其中，农副产品、铜铝制品、珠宝贵金属是主要削减部分。美国自中国进口部分同比增长 6.7%。中国大陆的贸易顺差为 40 亿美元。2019 年 1~3 月份，情况则发生了变化。美国自中国进口的光学设备、医疗设备及零附件减少 8.8%，而对中国出口的同类商品同比增加 2.8%。中国大陆的贸易顺差仅剩下 5 亿美元。

美国挑起的贸易摩擦打破了多边贸易体制下稳定和可预期的贸易环境，原材料和中间产品受到较大的影响。价值链上的原料和中间品直接影响着产业的制造能力、产能扩张和终端商品贸易量。原来依赖于进口原料和中间品的中国企业不得不面临着重新调整上下游供应链的挑战。但我们或许也可将此压力转化为机遇，来推动大陆生物医药企业自主创新，剔除低端代工型生产方式。①关税清单中大批医疗器械产品和试剂，包括体外诊断产品和试剂，尤其是涉及精准医疗的质谱仪产品，都在此次贸易摩擦加税波及的范围之内。一旦加税政策正式实施，传递到医疗采购过程中，进口商将难以为继。但对相当一部分 IVD 国产品牌来说却是好消息，在进口品牌本土化的过程中通过和它们合作，引进先进的国外技术和资源，能大大加快国产企业前进的步伐。

（2）产业内调整不可避免，但存在转型窗口期

生物医药是中国最有希望实现弯道超车的技术领域。资料显示：中国企业有可能成为 Cart-T 治疗、免疫治疗的重要创新型主体。例如，2018 年，君实生物的特瑞普利单抗注射液（国产 PD-1 抗体）已获批上市；此外还有三家国内医药企业的五种注射液处在审批期。南京传奇与美国强生制药、药明康德与 Juno 开展研发合作也是有力证明。中国是世界上最大的活性药物原料的生产国。如果特朗普政府对中国医药产品加征关税，影响的不仅是在中国完成生产的制药，而且也影响到从中国采购药物原料的美国药厂。这对美国国内企业来讲，肯定是一个重创。

---

① 我们在调研中发现，国内医疗器械企业与国外医疗器械企业在国内市场竞争中，存在"挤出效应"。

在高性能医疗器械① 领域，国产超声、监护等影像设备以及人工关节等高值耗材在国际市场崛起。中国心脏起搏器、人造人体部分、闪烁摄影装置等产品的出口额增长都较显著，2016 年同比增速超过 30%。中国矫形或骨折治疗用器具在国际市场的竞争力近年得到大幅提升；中国口腔设备与材料的出口近年来相对形势乐观，牙钻机在国际市场竞争力较强，牙科用 X 射线应用设备、假牙的出口同比增长较快。② 心电图记录仪、光学仪器和器具、电子诊断患者监测系统等对美出口或将减少。但由于医疗器械行业对大陆来讲是贸易逆差型产品，因此在该行业，也许机遇大于挑战。2017 年大陆医疗器械出口总额约 217 亿美元，对美国出口额为 58 亿美元，在医疗器械出口总额中占比约 27%，美国成为中国医疗器械第一出口大国。③ 但从出口规模来看，目前大陆医疗器械出口以及对美出口体量均不大。从大陆医疗器械出口产品结构来看，目前我国医疗器械出口产品仍以低值耗材为主，虽然在高端医疗器械领域，国产超声、监护等影像设备以及人工关节等高值耗材在国际市场的影响力也逐渐显现，但出口规模仍然偏小。2017 年，以按摩保健器具、医用耗材辅料为主的前十四大出口产品，占据医疗器械出口总额的 44%。电子诊断患者监测系统、超声波扫描电子诊断仪器、磁共振设备（MRI）、B 超诊断仪等被增税产品对美出口额在我国对美医疗器械出口总额中占比不足 10%。

在原料药领域，大陆原料药主要出口地为亚洲和欧洲，美国市场在大陆原料药出口总额占比仅为 13.47%；而大陆是美国的原料药主要出口地。据资料显示：2019年第一季度大陆的生长激素（包含前列腺素、血栓烷、白细胞三烯及其衍生物和结构类似物等）出口 337 吨，进口仅有 2.87 吨。④ 原料药属于高污染高能耗行业，而美国制药企业多为制剂企业，因此美国会选择从中国、印度等国家进口原料药来生产成药制剂。美国将我国原料药纳入加税清单，将会增加美国国内成药制剂企业的生产成本。因此，这部分不在加征关税范围内。

对生物制剂企业来讲，由于大陆以加工贸易中的来料加工为主（约占大陆制剂

① 高性能医疗器械主要包括：影像设备、医用机器人等高性能诊疗设备；全降解血管支架等高值医用耗材；可穿戴、远程诊疗等移动医疗产品；生物 3D 打印、诱导多能干细胞等新技术。

② 江南珏. 进口替代大跨越！国产医械登顶世界权威刊物 [OL]. 新浪医药新闻 (2018-09-05). https://med.sina.com/article_detail_103_1_52078.html.

③ 王宝亭，等. 医疗器械蓝皮书：中国医疗器械行业发展报告 2018[M]. 北京：社会科学文献出版社，2019 年 3 月.

④ 华商韬略. 中国药企的机会来了？ [OL].(2019-05-22). https://baijiahao.baidu.com/s?id=16342227172193 79435&wfr=spider&for=pc.

出口总额的 45%），仅阿斯利康、默沙东和辉瑞三家企业的制剂来料加工就占整个制剂加工贸易的 97%。大陆的人兽用疫苗、血液制品、胰岛素药物等产品对美国出口量较少。根据我们对广东省生物医药企业的调研，目前中美贸易摩擦对原料药企业的主要影响是生物制剂企业所用的生产原料和设备，由于 60% 是从国外进口，其中美国进口占比较大；加征关税后，这些企业面临着设备原料渠道切断、运维成本增大的严峻挑战。

5.4.3　台湾地区生物医药产业发展情况

20 世纪 80 年代，台湾地区就将生物技术产业列为未来重点科技项目。台湾"行政院"于 1995 年颁布"加强生物技术产业推动方案"，至 2004 年共经历 4 次修订。2010 年台湾成立了"食品药物管理局"（TFDA），负责所谓"生物医药产业法"的制定。2009 年核定"台湾生技起飞钻石行动方案"，迄今已建构起优质的"生技"产业发展环境。2013 年完成"台湾生技产业起飞行动方案"的规划，作为台湾"生技"产业发展蓝图，使得生技产业成为驱动台湾经济发展的主流产业项目。

台湾地区生物医药产业发展的总体特征有两个。一是产业资金比较丰沛。台湾"行政院国家发展基金"直接投资生技医药公司，或运用其所投资的创投公司，鼓励其投资生物技术企业，较好地促进生物技术企业发展。二是台湾地区生物技术产业法规比较完整。为推动生技医疗产业发展，台湾地区制定了包括"生技新药产业发展条例""产业创新条例"及"药物科技研究发展奖励办法"等在内的一系列产业法规。此外，为提升药品审查效率并提高其透明度，台湾"卫生福利部"食品药物管理署推出一系列具体举措，如"修订新药审查流程及时间点管控""推动新药查验登记退件机制"及"试行新药查验登记送件前会议机制"等。对准备上市或研发中的新药，"食药署"公告修正"药品专案咨询辅导要点"，明确建立咨询辅导会议机制，帮助企业厘清法规。

虽然台湾地区生物医药产业起步早，但发展中仍面临着与台湾其他行业类似的问题。一是下游市场狭窄，影响了转化能力。虽然截至 2018 年年底，台湾共有 152 家育成中心，主要培育领域集中在电子、生技医疗及机械电机等重点产业，目前有 26 家医学中心和 124 家临床试验医院；但是，生物医药产业仍主要在研发环节。二是台湾生物医药产业规模不大，且中小企业居多，核心技术仍属于小规模分散型创新。2012 年生物医药产业营业额已达到 2630 亿元新台币，其中医疗器材产业营业额为 1092 亿元新台币,占整个生物技术产业营业额的 41.5%。[①]2017 年台湾医疗器材市场产值约为 34.5 亿美元。[②]

医疗器械是台湾地区的策略新兴领域。但是,目前仍以生产低阶医疗器材为主,且中小企业居多,缺少产业集群的培育。台湾医疗器械行业的成熟产品包括医疗手套、电子血压计。处在成长期的产品包括代步车、血糖计、隐形眼镜、骨科牙科产品。其中血压计、电动代步车、电动轮椅产品位于全球前三位。处在萌芽期的产品包括高阶影像和微创手术。截至 2016 年,台湾岛内有医疗器械企业 1073 家,从业人员 3.95 万人,平均毛利率达到 35.5%,研发强度为 3%,产品零组件以从岛外购买为主。产业的主要模式是 ODM,欧美日企业居多。该产业的上市公司在岛外达到 80%,多是以成立办事处或者委托代理的方式开展业务。2016 年台湾地区影像医疗器械产业营业额达到 1008 亿元新台币,成长率为 6.9%。[③]台湾的血糖计生产技术成熟,主要以 OEM 为主。2017 年 1 月台湾通过 "生计新药产业发展条例修正案",加强对医院的评价监管,推动精准医疗、细胞治疗的技术研发。从进出口情况看,台湾医疗器械产业主要是进口替代型。台湾地区为国际医药品稽查协约组织会员,医药品生产管理符合国际医药品稽查(PIC/S GMP)规范。台湾 "药事法" 既规管制药产品又规管医疗器械。依据规定,医疗器械生产商在寻求进入台湾市场时必须为生产或者出售医疗器械获得许可,同时其医疗器械应接受台湾地区 "食品药物管理署" 和 "卫生部" 的审核与审批。因此,此次中美贸易摩擦并未对中国台湾生物医药产业产生严重冲击。

5.4.4　两岸生物医药产业合作前景评估

总体上看,目前两岸生物医药产业合作规模较小,台湾地区对大陆生物医药产业的投资额仅占不到 5% 的份额。从台湾 "经济部" 统计数据看,截至 2018 年,台湾对大陆的药品制造业投资额总计 12 亿美元。在 2008 年和 2016 年出现两个高峰,分别达到 1.8 亿美元和 1.4 亿美元。2018 年为 65 万美元,企业总数 208 家。2018 年 "陆资入岛" 的医疗器械企业为 2 家,投资额为 1300 万美元。2018 年台湾医疗器材企业数为 16 516 家,

① 台湾 "经济部" 工业局.　"生技产业白皮书 2013" [M].2013.
② 中国药品监督管理委员会.医疗器械蓝皮书:中国医疗器械行业发展报告 2018[M].北京:社会科学文献出版社,2019 年 3 月.
③ 台湾 "经济部".　"台湾医疗器械统计年鉴 2017" [M].2017.

主要在新北市、桃园市和台中市（三地分别为 426 家、206 家、227 家）。[①]

应当说，两岸生物医药产业合作空间是巨大的，但挑战也非常大。当前，全球生物医药产业不仅面临着新的贸易保护主义风险，而且产业价值链的要素、产能和企业创新策略都面临考验，岛内政治风险加大，大数据和 IoT 等产业带动生物医药产业精细化整合，这些都是企业必须考量的重要因素。

（1）台湾地区"五缺六失"情况下两岸生物医药产业园区的重要性凸显

2015 年台湾"工总白皮书"指出：台湾目前缺水、缺电、缺工、缺地、缺才，当局失能、社会失序、"立法院"失职、经济失调、世代失落和台湾失去了总目标。在这种情况下，台湾生物医药企业需要寻找岛外适宜发展空间，不仅在技术和市场上下游寻求合作伙伴，同时在要素端也应继续扩展土地空间和积聚规模。目前，在东莞、天津、武汉、福建等地，两岸生物医药产业园区发展迅速，为双方进一步深化产业合作提供了平台。如 2012 年在东莞建立的两岸生物技术产业合作基地，重点在新药及医疗器械、干细胞和再生医学、生物新技术与转化医学、保健食品与化妆品等领域加强两岸产业合作；截至 2015 年年底，已聚集东阳光药业、红杉生物、三生制药、普门科技等生物企业近 180 家。泉州建立了海洋生物加工产业技术创新战略联盟，从台湾引进海洋生物高科技人才和海洋生物高科技成果，推动两岸海洋生物加工产业发展。

（2）在生物医药工程和生物医疗方面加强合作

两岸在生物医学和临床医学智能化领域有着规模经济的合作机会，如医学知识工程和生物医学决策支持的数据分析和挖掘、生物医学新的计算平台和模型、智能设备和仪器等，又如医学中的自然语言处理、基于智能决策和数据密集型临床任务的异构数据源开发、医学导向的人体生物学、人工智能的医疗路径和临床指南、保健领域的机器学习、医疗教育中的人工智能等。在这些领域充分发挥台湾原有的研发转化能力、金融服务能力和医疗照护能力，形成两岸生物医药产业价值链体系。

当前两岸药品市场准入标准仍存在差异。台湾地区生技产业发展较早，与国际接轨，其生物制品特别是药品，符合欧美标准后即可生产销售，但同类产品若进入大陆市场，需重新做临床试验。两岸药品市场准入标准对台湾生物技术产品在大陆

[①] 台湾"经济部"投审会，核准对中国大陆投资分业统计表（截至 2018 年 12 月），台湾"经济部"网站。

生产上市周期有较大影响，一定程度上削弱了台商来大陆投资发展的积极性。2019年1月，福建省药品监督管理局发布了《关于开展台湾地区生产且经平潭口岸进口第一类医疗器械备案工作的通告》，为台湾医疗器械"登陆"创造了便利条件。

（3）推动政策创新

自2008年起，国家组织实施了新药创制国家科技重大专项。2017年国务院印发了《关于深化审评审批制度改革鼓励药品医疗器械创新的意见》，指出药物改革需完善审评审批制度，加快推进仿制药质量和疗效一致性评价，为新药物的创制、新药物的审评、新药物的临床试验以至最后临床的应用提供了很好的推动作用。在新药评审中，核心改革包括以下内容：第一，药物临床试验从审批制改为备案制；第二，临床试验机构资格认定实行备案制；第三，实施仿制药质量与疗效一致性评价；第四，加强药物临床试验数据核查。对此，可在现有的两岸生物医药产业园区平台基础上，推动下游产业社会化体系建设。如可在一些发展较好的台商集群地区（如江苏、广东、上海）建立智慧健康小镇模式，推动生物医药产品应用推广。促进两岸高校和科研机构在生物医药产业上游研发上的实质性合作，设立合作专项，加强双方生物医药人才交流与联合培养。推动两岸在生物医药产业专利和共同标准上开展协商交流，建立生物医药产业的高端智库。

两岸生物医药产业各自呈现出不同的核心能力分布。大陆生物医药产业从原料药到生物药研发再到下游终端市场，总体上呈现出两头大、中间小的哑铃型特征。当前大陆在生物原创药和类似药的研发领域呈现出快速增长态势，在高端医疗器械、基因药物、单抗和多抗药等方向上，也开始步入快车道。尽管面临着中美贸易摩擦的关税门槛风险，但大陆药企仍劲头不减。台湾地区的生物医药起步虽然较早，且在制度上向欧美看齐，但总体上岛内资源和市场均不丰沛，导致原料和市场依赖外部，小范围产品的研发能力和制造能力较强，形成了纺锤形结构。台湾生物医药企业更需要与大陆生物医药企业合作。

当前，大陆生物医药企业面临着终端国际市场的严峻挑战，势必会倒逼国内企业进行战略转型，重新搭建产业上下游供应链生态。而大陆台资企业近些年来一直存在着"转型困境"，企业运营成本增加、市场需求变化、产业结构层级低等问题制约着大陆台商的进一步发展。生物医药产业既是大陆大健康产业和战略性新兴产业，也是台湾的智慧新兴产业，更是对全球公共健康和重大疾病防控具有显著"正外部性"

的公共行业。两岸在生物医药领域最具合作潜力，也能够达成产业共识，形成集体行动。

5.5　两岸现代物流科技合作

5.5.1　台湾地区物流业发展总体情况

台湾地区物流业在 20 世纪 90 年代形成了门类齐全的多部门体系。到 2005 年后，台湾的物流业以供应链电子化服务与物流资讯服务为主的物流业运作模式也已经比较成熟。台湾物流业发展大致经历了几个阶段。20 世纪 90 年代以前为第一方物流（the First Party Logistics，1PL）和第二方物流（the Second Party Logistics，2PL），即从公司内部的物流部门、机能，到委派专业的仓库业者与运输业者从事物流。1990—1998 年前后进入"第三方物流"（the Third Party Logistics，3PL）时代，即 2PL 业者通过增加新物流服务与整合其他相关物流运作，来实施一站式（one-stop）解决方案。物流企业以实际资产投资或策略联盟方式来拓展其物流服务，强调信息通信技术的应用。1999—2004 年期间为专业物流企业经营模式成熟阶段，更加强调精致物流服务以及对企业整体战略的贡献。2005—2013 年，强调提供产业国际物流与转运中心的物流服务形态。2014 年后，全球自由贸易港（区）以及电子商务的发展成为物流业发展新的机会之窗，台湾地区物流业开始关注跨境电商、分享经济以及智慧物流。2014 年台湾地区电商交易额就已经达到 10 069 亿元新台币，年增长速度为 14%。[①]当前，消费者需求形态发生改变，使得电子商务兴起，改变了全球的物流产业结构。全球物联网生态链以及相关科技逐渐成熟，如大数据、宽带行动网络（4G/5G）及云端运算与服务，也成为物流产业结构改变的一大推手。智能化成为物流自动化系统设备产业的最新亮点。

《世界银行物流绩效指数报告 2016》显示：2016 年台湾地区的物流业竞争力全球排名第 25 位，其中物流服务和及时性两项指标排位靠前，而通关效率、基础设施、国际运输和货物追踪四项指标的排名低于总和排名。参见表 5.11。

---

① 台湾"经济部"商业司，"2015 年台湾物流年鉴"。

表 5.11　台湾地区物流业竞争力排名

国家及地区	排名	通关效率	基础设施	国际运输	物流服务	货物追踪	及时性
中国台湾	25	34	26	28	13	31	12
新加坡	5	1	6	5	5	10	6
中国香港	9	7	10	2	11	14	9
中国大陆	27	31	23	12	27	28	31
日本	12	11	11	13	12	13	15
韩国	24	26	20	27	25	24	23
德国	1	2	1	8	1	3	2
美国	10	16	8	19	8	5	11

数据来源:《世界银行物流业绩效指数报告 2016》。

《全球竞争力报告 2016》显示:台湾地区交通服务有效性与质量全球排名第 15 位,而 2014 年为第 12 位;交通基础设施全球排名第 16 位。这两项指标是反映经济体贸易能力的重要组成部分,台湾地区在这方面仍具有较强的竞争力。

台湾物流产业统计方面,由于台湾"交通部"提供的数据全面、持续,能够比较客观地反映台湾物流业整体发展情况,因此本书主要采用这个统计口径加以分析。①根据台湾"交通部"数据,2001 年台湾地区物流业总收入为 5750 亿元新台币,到 2015 年达到 17 381 亿元新台币(较 2014 年减少 434 亿元新台币)。截至 2015 年底,物流业从业人员总计 45.26 万人,包括批发、零售、运输与仓储在内的四个物流行业的注册企业共计达到 47 692 家。参见表 5.12。

表 5.12　2015 年台湾地区物流业收支情况　　　　亿元新台币

	总收入	营业收入	总支出	营业支出
铁路及捷运运输业	1220	968	1053	772
公共汽车客运业	407	356	385	373
出租车客运业	492	482	442	439
其他汽车客运业	217	212	183	167
汽车货运业	2238	2173	2097	2049
其他陆上运输业	5	5	4	4

① 鉴于物流业大类除了包括邮政、仓储、运输等部门,还包括批发零售行业,台湾经济年鉴的批发零售数据完整性较好,因此这里采用台湾经济年鉴中的数据。

	总收入	营业收入	总支出	营业支出
海洋水运业	2527	2424	2588	2426
内河及湖泊水运业	12	11	12	12
航空运输业	2911	2828	2788	2691
报关业	164	163	150	149
船务代理业	86	78	72	71
陆上货运承揽业	95	94	90	89
海洋货运承揽业	570	566	557	554
航空货运承揽业	658	648	637	627
停车场业	217	201	178	177
其他陆上运输辅助业	46	45	47	43
港埠业	251	222	160	133
其他水上运输辅助业	145	138	132	130
航空运输辅助业	439	399	297	295
其他运输辅助业	182	175	174	168
仓储业	366	356	319	310
邮政业	3206	3204	3070	3069
快递服务业	536	533	486	485
旅行及相关代订服务业	391	385	377	375
总计	17 381	16 667	16 298	15 607

　　具体来讲，物流业总收入指标中，总盈余为 1083 亿元新台币，盈余率为 6.2%。就各行业盈余率而言，港埠业为 36.3%，居首位；次之为其他陆上运输业，为 33.3%；航空运输辅助业以 32.4% 居第 3 位。处于亏损状态的行业有海洋水运业、其他陆上运输辅助业，其中亏损最大的为海洋水运业，亏损近 62 亿元新台币。图 5.10 显示，台湾地区物流业总收入近几年总体上稳定在 17 000 亿元新台币，2015 年略有下降。但盈余部分过小，物流业支出较大。从 2015 年台湾地区物流业总收入的行业占比来看，邮政、航空、海洋、汽车运输和铁路五个物流行业收入占比较高，如图 5.11 所示。在台湾成长性最好的十大服务业中，仓储货运业成长性较好；而岛内倡导的智慧生活理念则改变了社会消费习惯，电子商务、跨境电商和共享经济的融合，促进了台湾物流业内需转为外销；信息产业和生物技术产业的发展带动了台湾物流业信息化和科技化。

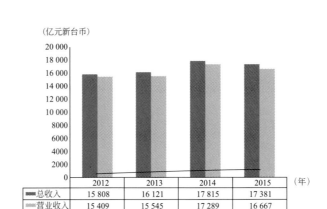

图 5.10 台湾地区物流业收入指标（2012—2015）

数据来源：根据台湾"交通部"数据整理。

图 5.11 2015 年台湾地区物流业总收入的行业占比

数据来源：根据台湾"交通部"数据整理。

台湾地区经济外贸依存度较高，在两岸开放直航和 ECFA 签署生效后，台湾物流业进入大陆市场的各种障碍大幅降低，海空货运量均有不同幅度的增加。2011 年两岸共签署了 7 项物流合作意向书。国际物流服务业是创造就业的关键产业，已被列为台湾地区投资策略性十大重点服务业发展项目之一。包括海运和空运在内的台湾进出口所需要的国际运输在全球供应链中起着重要作用，是台湾地区未来经济发展的关键产业。两岸自 2008 年开启"大三通"以来，台湾物流业得到了快速发展。

5.5.2 岛内政策推动

2010 年，台湾"经建会"与"行政院"各部会共同提出了"国际物流服务业发展行动计划"，确定了"提升通关效率""完善基础建设""强化物流服务"和"促进跨境合作"四个发展主轴，并确定三个发展目标：提升国际物流核心竞争力，推行关、港、贸跨部会整合，强化台湾地区企业的全球运筹能力。ECFA 后，台湾地区推出了"黄金十年"计划，到 2020 年计划将自己打造成为亚太区域物流的关键节点。参见表 5.13。

表 5.13　台湾地区物流业发展的 SWOT 特征

优势	劣势
亚太地区重要节点 海空国际运输能力较强 精致物流服务能力较强 台商海外投资活跃，商贸网络宽 灵活的供应弹性	虽然量多，但资金不足，营运规模小 人力资源短缺 法规成本较高 B2B 的模式不能完全适应当前 C2C 发展的需要
机会	威胁
台商全球布局带来商业机会 从事供应链管理外包 海外市场，尤其是大陆市场广阔	岛内市场小 全球物流业信息技术与管理手段更迭快速 以跨境电商为主的商业新范式挑战外部链接

5.5.3 台湾地区物流业发展趋势

台湾地区传统物流自 20 世纪 60 年代开始发展，包括原料物流、生产物流、销售物流和逆物流等。绿色物流是近年来新兴的物流模式，与传统物流的不同之处在于，绿色供应链导入一系列的绿色概念。绿色供应链（green supply chain）系指产业在生产、加工和运送的过程中，减少物流活动对环境造成之危害，并实现对物流环境的净化，使物流资源得到最充分利用。

（1）产业链较短，经营规模差异大

台湾地区物流业企业以中小企业为主。资本额 5000 万元新台币的企业最多，船舶企业的规模主要在 1000 万元新台币，企业员工平均为 100 人以下。[①] 台湾地区物

---

① 台湾"经济部"主计总处，"2017 年统计年鉴"[M].2017.

流业以大荣货运和东源物流为龙头企业。为在限定时间内提供优质、低成本的物流服务，岛内物流企业在信息服务、流通加工、进出口承揽、报关、保税仓和宅配等增值服务环节，加大创新投入力度。同时，物流企业面对国际物流业竞争，对物流网络化和技术化的改造也在进行当中。尤其是全球数据处理和网际网络整合系统发展迅速，以及无线射频辨识（RFID）技术的应用推广，使得岛内物流企业提升了核心竞争力。

随着台湾制造业的外移，岛内物流量虽然减少，但是岛外产品物流需求仍在持续增加，因此台湾发展物流业网络化和全球化布局的趋势更加明显。台湾物流服务网站、电子资料交换联机接单、储位管理系统，物流捡货系统、派车系统、报价系统等均得到快速发展。近年来跨境电商业务蓬勃发展，如东盟国家网络零售市场已达70亿美元，2015年中国大陆物流市场达到1兆元人民币，前景相当看好。在台湾物流发展方面，许多大型集团纷纷跨足该产业，如2014年霖园集团通过旗下企业神坊信息与永联开发建设投资，成立永联物流开发，预计五年内的投资金额达600亿元新台币，建设台北、台中、台南一共五处物流园区，计划建造超过100万平方米的仓储楼地板，同时引进制造、流通与第三方物流企业。

（2）三大主要物流行业集中度较高，以岛外物流为主

一是仓储货运业。 物流企业需要占用较大的空间，但岛内土地成本高，因此仓储物流需要布置在交通节点位置。无论是在初期投资，还是因业务拓展，都需相当数量的运输机具，对于物流业者而言，这是必要的投资成本。图5.12提供了台湾各地区仓库使用率情况，其中，台中仓库使用效率最高。

仓储货运业的代表企业包括全台物流、新竹物流和裕利股份。近五年来，全台物流、新竹物流稳坐前三名。岛内便利商店众多，对货物配送服务需求量较大。全台物流以全家便利商店、吉野家及其他日式连锁企业为主要服务对象，从事买卖、分类

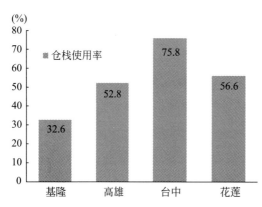

图5.12　2015年台湾各地区仓库使用率情况

数据来源：台湾"交通部"交通各业经营及服务绩效指标。

处理、储存及配送等服务。新竹物流主要市场在台湾地区，其客户群 80% 是 B2B 客户；18% 是 B2C 顾客，以网络、电视购物、直销业为主；另 2% 是 C2C 顾客，提供与其他同业的差异化服务。目前与新竹物流合作的电商已超过 15 家，包括知名的阿里巴巴天猫超市等。2015 年首次位于首位的裕利股份，从事各类药品物流配送及销售业务，负责经销配送国际知名医药及医疗保健厂商的产品，是岛内第一家通过 ISO 9002 认证的药品物流公司。其营销通路遍及各公私立医院、诊所、药局与卖场通路等，其中医院通路占营收比重约 70%，剩余 30% 则包括诊所、药局及卖场通路等。捷盟行销在 2012 年营业额达到了 620 亿元新台币。岛内仓储货运业前 10 大企业在 2011—2015 年排名如下，参见表 5.14。

2013 年，台湾地区冷链货品贸易值较 2008 年增加 31%，增幅高于非冷链货品 8.9%，参见表 5.15。岛内各港的仓库使用率约 5 成，台湾目前看好低温物流产业进岛。

表 5.14　台湾地区仓储货运业前十排名

年份\排名	2011	2012	2013	2014	2015
1	捷盟行销	捷盟行销	全台物流	全台物流	裕利股份
2	全台物流	全台物流	新竹物流	新竹物流	全台物流
3	新竹物流	新竹物流	夏晖物流	统一速达	新竹物流
4	夏晖物流	夏晖物流	统一速达	夏晖物流	统一速达
5	来来物流	来来物流	来来物流	嘉里大荣物流	夏晖物流
6	统一速达	统一速达	嘉里大荣物流	来来物流	嘉里大荣物流
7	嘉里大荣物流	嘉里大荣物流	台塑汽车货运	台塑汽车货运	来来物流
8	台塑汽车货运	山隆通运	山隆通运	山隆通运	台塑汽车货运
9	山隆通运	亚大国际物流	捷盟行销	亚太国际物流	山隆通运
10	亚大国际物流	台湾宅配通	亚太国际物流	台湾通运仓储	捷盟行销

资料来源：台湾中华征信所《2011—2015 年台湾地区大型企业排名 TOP5000》。

表 5.15　近期台湾地区冷链货品贸易值统计

	2008 年	2013 年	增加率 /%
冷链（亿元新台币）	1815	2377	31
非冷链（亿元新台币）	149 544	162 839	8.9

二是航运业。台湾中华征信所《台湾地区大型企业排名 TOP5000》数据显示，除阳明、万海、长荣这海运三雄稳坐台湾地区前三名宝座之外，其他航运业者近几

年多在榜上来来去去。表 5.16 为台湾地区航运业前十排名。长荣及阳明均为 CKYHE 海运联盟成员，而该联盟合约于 2017 年到期，加上联盟成员韩进海运面临破产危机，使联盟内成员加速另寻出路。其中长荣海运 2017 年与法国达飞、中国远洋的中远集运及香港东方海外四家业者组建了"大洋联盟"，航线重新布局，在 2016 年 10 月宣布启动以色列航线，抢进以色列、希腊、亚得里亚海等直航商机。阳明海运则是在 2016 年 5 月宣布与德国最大航运业者赫伯罗特等六家业者合组"The Alliance"，2017 年 4 月开始运作，合作期至少 5 年。阳明海运 2016 年亦陆续开辟了中国大陆、泰国、越南三条航线，且赴西班牙设立公司，计划开发欧洲市场。

表 5.16　台湾地区航运业前十排名

排名＼年份	2011	2012	2013	2014	2015
1	阳明海运	阳明海运	阳明海运	阳明海运	阳明海运
2	万海航运	万海航运	万海航运	万海航运	万海航运
3	长荣海运	长荣海运	长荣海运	长荣海运	长荣海运
4	正利航业	正利航业	中钢通运	中钢通运	中钢通运
5	中钢通运	中钢通运	德翔海运	东森国际	达和航运
6	达和航运	达和航运	达和航运	达和航运	台湾航业
7	台湾航业	德翔海运	台湾航业	台湾航业	裕民航运
8	中国航运	台湾航运	东森国际	中国航运	长荣国际储运
9	裕民航运	裕民航运	裕民航运	长荣国际储运	中国航运
10	长荣国际储运	中国航运	中国航运	裕民航运	东森国际

资料来源：台湾中华征信所《2011—2015 年台湾地区大型企业排名 TOP5000》。

2016 年民进党"上台"前，台湾官方希望与大陆二线港口方面加强合作。大陆沿海港无亚欧航线（如福州）、亚美航线（如泉州及温州）者，进出欧美货物需由其他港口转运。台湾地区地理位置接近，且有往来航线，具有成为转运港的可能。大陆"一带一路"倡议的实施，也会为台湾提供更多的物流机会。

三是运输辅助业。运输辅助业包括旅行社、报关业、船务代理、货运承揽等业者。大陆旅行社逾 36 000 家，其中仅有 10% 拥有承办大陆居民出境旅游资格，因此多家台资旅行社争相申请营业执照。如雄狮 2016 年初取得福建居民入台团体旅游及大陆开放来台自由行的 47 个城市民众来台自由行业务营业执照，成为第一家获得大陆入境出境赴台旅游承办之台资旅行社，2016 年已承接东南汽车公司、大陆直销业等千人团体赴台旅游。多数台湾运输辅助业营运成长趋缓，甚至部分业者出现衰退情形。
新加入的企业除 2015 年的五福旅行社、2014 年的山富旅行社外，雄狮、东南、灿星、
凤凰多年来均在 TOP10 业者排行榜上。2015 年各家旅行社营运都尚可维持成长，其
中雄狮营收超过 200 亿，东南、五福、山富、凤凰等旅行社也都维持成长，唯一出
现衰退的是灿星旅行社。参见表 5.17。

表 5.17　台湾地区运输辅助业前十排名

年份 排名	2012	2013	2014	2015
1	东南旅行社	台湾港务	台湾港务	雄狮旅行社
2	台湾港务	雄狮旅行社	雄狮旅行社	台湾港务
3	雄狮旅行社	东南旅行社	东南旅行社	东南旅行社
4	万泰物流	万泰物流	山富旅行社	惠航船舶
5	沛华实业	全锋汽车	万泰物流	五福旅行社
6	凤凰旅行社	凤凰旅行社	全峰汽车	山富旅行社
7	沛荣国际	沛华实业	灿星旅行社	万泰物流
8	桃园航勤	桃园航勤	沛华实业	灿星旅行社
9	台湾日通	沛荣国际	凤凰旅行社	全峰汽车
10	世邦国际	台湾日通	桃园航勤	沛荣实业

数据来源：台湾中华征信所《2012—2015 台湾地区大型企业排名 TOP5000》。

受到两岸政治氛围及大陆团客在台意外事件频传的影响，2016 年 1~7 月陆客来
台仅较 2015 年同期微幅增长 1.1%，其中团体陆客大幅减少 7.8%。2016 年 6 月陆客
来台人次仅 27.1 万人，除了较 2015 年同期下滑 11%，也创下 30 个月新低，其中又
以团客萎缩幅度为最，连带影响到旅行社、游览车、旅馆、餐厅、购物店、导游、
司机等业务，受冲击范围广泛。两岸高速客货轮出口量减少，但金额增加，这是因
为产品结构发生了改变，高单价产品载运比例增加。参见表 5.18 和表 5.19。

表 5.18　2011 年和 2014 年台湾地区 RO-RO 船进出口货物重量及金额

项目	2011		2014	
	重量（吨）	金额（亿元新台币）	重量（吨）	金额（亿元新台币）
进口	39 885.1	36.4	43 374.8	35.4
出口	40 741.2	366.1	26 587.9	437.0
合计	80 626.2	402.5	69 962.6	472.4

数据来源：台湾"交通部"。

表 5.19　2011—2014 年台湾地区 RO-RO 船进出口前三名货物种类

年份	第一名	第二名	第三名
2011	植物产品	矿产品	木、纸浆制品
2012	矿产品	运输设备及零件	木、木制品
2013	塑料产品	光学产品	调制食品
2014	光学产品	调制食品	机械用具

数据来源：台湾"交通部"。

（3）电子商务与物联网迅速兴起，塑造物流新业态

随着网络经济的兴起，电子商务及物流服务业发展迅速，MIC 数据显示：岛内电子商务年成长率为 15%~20%。新竹物流公司的主要客户为 B2B 客户，18% 是 B2C 业务，以网络、电视购物和直销为主。台湾物流仓储业发展快速，国泰人寿在桃园建立了物流仓储中心，亚马逊公司投资了 139 亿美元建立了物流仓储中心。技术方面，由于货物运输种类逐渐增加和电子商务市场的迅速崛起，车载电脑与 RF 扫描器，以及手持 PDA、GPRS 的通信模组应用，促进了台湾地区物流业的电子化。

物流企业在 B2B、B2C 以及 C2C 市场皆有涉猎，但各自擅长的领域有所不同，例如，统一速达主攻 C2C，而新竹货则是以 B2B 和 B2C 为主要市场。近些年来，对物流自动化设备以及 IT 技术的需求性逐渐增加，如新竹货运在 2000 年与日本佐川急便签订了 20 亿元新台币的技术合约，以技术合作的方式提升专业化及国际化。

台湾工研院服务科学中心目前拥有多项先进冷链技术，协助产业推动冷链物流，同时，感测装置与蓄冷设备带动了台湾冷链发展。耀欣科技是台湾优秀的系统集成商，开发出的智慧物流管理系统已导入台湾邮局、台大医院、杏一、新华书店、和颐、国药等上百家企业。奔腾物流自 1980 年起引领台湾物流运搬技术发展，不断从欧洲引进相关物流设备、物流技术及相关顶尖的物流观念，期许为台湾物流业者提出更多解决方案，如台湾第一套 VNA（Very Narrow Aisle）高层窄巷道的仓储系统、第一套长条型仓储系统、第一套激光导引系统的无人搬运车、第一套高储量冷冻低温 Radio-shuttle 仓储系统、第一套可转换式的自动仓储系统等。种种创新解决方案，引领台湾物流业者迈向更创新的新时代。

（4）物流业相关行业科技创新进展

台湾物流业研发主要从三个方面展开。一是导入先进物流设备，如发展智能型保鲜容器，提供多品种、小批量商品保鲜的安全独立空间；结合射频识别、感测组件发展物流辨识与追踪技术，保障货品品质；运用自动化技术提高货品搬运效率，强化服务效能。二是发展多元创新营运模式，如聚焦技术缺口，发掘全球科技化应用商机；发展多温共配、以柜代仓等多元创新营运与服务模式，开发台湾物流业差异化服务市场。目前在物流搬运车辆、物流应用系统、输送与仓储设备等自动化物流设备，包装设备与技术，容器与耗材，物流科技应用，建筑材料及设备零件，物流供应链与冷链物流，物联网科技与应用等方面都是物流技术重点。三是运用云信息平台，如建立全程监控管理机制，获取商品流通各节点与流程状态信息；提供物流业多元高阶云端服务，降低单位物流成本。

台湾推动整体物流科技化，从导入先进物流设备、应用云端信息平台、发展多元创新营运模式三面向切入，申请并获得了很多专利，其中以新型专利为主。参见图 5.13。导入先进物流设备方面，结合 RFID、感测组件，发展物流履历与辨识追踪技术，并应用自动化技术提高物流搬运效率。应用云端信息平台方面，打造全程监控管理机制，提供高阶云端服务，建立共享分享平台，降低投资与作业成本。与此同时，着重培育提供物流整体解决方案。例如，全虹物流目前主要服务客户除了原有的 B2B 电信业者，更与集团内在线购物平台 GoHappy 亚东电子商务、远传 eStore、Friday 购物网、Newegg 新蛋全球生活网、SOGO Istore 在线购物等合作，提供高端 3C 产品、时尚精品、专柜品牌与美妆商品等多渠道配销的物流服务，是目前台湾第三方物流中少有的可以同时融合大 B2B 与多样化电商 B2C 服务的企业。

"冷链物流"技术方面，2011 年至 2012 年度陆续推动冷链物流的提升发展，在食品加工、农渔产品、中西药跨境流通上营收 17 亿元新台币，冷链物流整体上获利 2 亿元新台币。截至 2016 年，两岸在冷链合作方面签署了 31 项合作案，投资与采购（规划、建置）费用约达 14.6 亿元新台币。近年来两岸企业逐步构建出城市、城际、跨岸之冷链物流体系，发展包括冻结机、蓄冷箱、蓄冷片、行动设备、RFID 辨识传感器等各项蓄冷与监控技术，提供实时查询云端平台，维持台湾地区冷链物流软实力，并布局大陆冷链物流市场，建立规模化竞争力，转战全球。

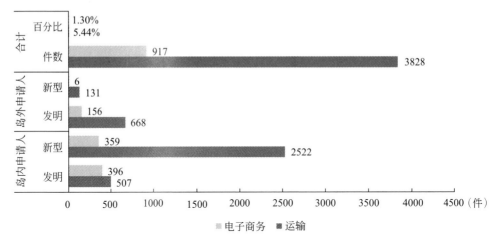

图 5.13　台湾地区 2015 年电子商务和运输业专利申请情况

数据来源：根据台湾"智慧财产局"专利年报数据计算得出。

在"马英九时期"，台湾"行政院"曾听取了"经建会"的意见，推出了"自由经济示范区推动方案"的报告。2013 年 12 月，台湾"行政院"通过了"自由经济示范区特别条例（草案）"。这个草案以六海一空自由贸易港区为建设重点，推动智慧运筹、国际医疗、农业加值及产业合作四项优先示范产业建设。同时，鼓励岛内外商流、物流、资金流交换；建立云端 e 化服务，提高货物进出口运作效率；强化跨地域联结与岛内外的产业关联，吸引台湾地区产业留在台湾，外商附加值高的业务环节回流岛内，以此来推动台湾地区的产业竞争力提升。但是，这一方案在 2016 年民进党"上台"后，遭到了台湾当局的强力反对。2019 年初高雄市市长韩国瑜提出重启设置自由经济示范区，在台湾"立法院"财政委员会上引爆了蓝绿"立委"的互怼。

（5）对外合作重点聚焦在港口物流大型化和打造智慧物流园区

近年来，全球经济结构性变化使得亚太地区扮演了重要的成长动力来源的角色。北美与西欧之跨国企业为了在亚太地区建立其区域营运基地，纷纷在台湾地区设立据点或将台湾地区加入其国际航线，成为其中的一环。台湾地区对外贸易量方面，虽然 2015 年总体呈现增加趋势，但电机和电子两类产品贸易值和贸易量均呈现出逆差，而这两类产品均曾是台湾地区最主要的出口产品。参见图 5.14。通过海运货柜出口的产品贸易量上，除了电子和电机产品出现下降趋势，其余产品有上升趋势。参见表 5.20 和表 5.21。

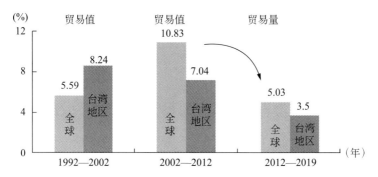

图 5.14　全球贸易量平均增长量

资料来源：全球 1992—2012 年数据来自 WTO 贸易值；全球 2012—2019 年数据来自 IMF 贸易值；台湾地区数据来自 1992—2012 年台湾"行政院"主计处贸易值；2012—2019 年台湾地区数据来自台湾"交通部"贸易量估计值。

表 5.20　台湾海运货柜出口贸易值与贸易量

货物	贸易值			贸易量		
	2000 年（亿元新台币）	2015 年（亿元新台币）	增加率（%）	2000 年（万吨）	2015 年（万吨）	增加率（%）
电机	14 033	33 637	139.7	150	97	−35
电子	12 466	8457	−32.2	200	164	−17.9
矿物	547	3388	519.4	809	2109	1607
光学	1179	5235	344	8	24	206.2
塑料	2483	5407	117.7	542	863	59.2
合计	47 146	81 510	72.9	4794	7123	48.6

资料来源：台湾"交通部"进出口运保费资料库。

表 5.21　台湾海运货柜进口贸易值与贸易量

货物	贸易值			贸易量		
	2000 年（亿元新台币）	2015 年（亿元新台币）	增加率（%）	2000 年（万吨）	2015 年（万吨）	增加率（%）
塑料	2388	5464	128.8	538	937	74.2
电子	4803	5988	24.7	176	162	−7.9
电机	3900	5259	34.9	130	88	−32.7
光学	359	3510	877.7	6	23	278
铁路	1474	2693	82.7	88	74	−16
合计	25 424	39 774	56.4	2717	3095	13.9

资料来源：台湾"交通部"进出口运保费资料库。

　　台湾的港口与船舶均呈现大型化趋势。2015年台湾每船货柜装卸量比2000年总体增加24%，其中高雄港增加了26.3%，参见图5.15。在全球航线中，我国台湾地区平均每船运能比香港高出25.7%。

　　总体来看，两岸物流科技合作有两个重点方向。一是可以在两岸智能物流基础设施上开展合作。台湾地区可利用船舶大型化、海运货物货柜化和较好的区域集货能力，来实现与大陆智能物流仓储、配送系统的整合，推动两岸物流业合作。采取前店后厂形式，在智慧游艇行业的研发、小规模制造和"后市场化"服务上开展合作。二是在物流贸易上，台湾地区可以通过提高装卸量、与大陆二线港口合作，在冷链低温物流方面深化两岸物流科技合作。这些措施将有效提升台湾地区在亚太地区作为海运物流节点的重要性，推动包括高雄港在内的一批台湾港建设，提升台湾地区南部的经济活力。

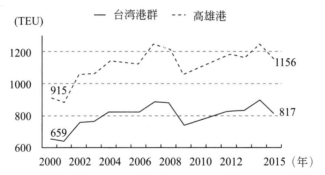

图5.15　台湾地区港口群和高雄港货柜装卸量近年变化趋势

资料来源：台湾"交通部"进出口运保费资料库。

第6章

两岸科技交流的经济地理学分析：
大陆台商融入

　　大陆台商在两岸科技产业交流合作中一直发挥着积极主动的作用。国家商务部数据显示：1989—2018 年，大陆台资项目达到 107 190 件，实际使用台资达到 678 亿美元。大陆台商投资领域从传统制造业向科技型制造业和服务业发生转移，在价值链上的环节分布也从 OEM 向 ODM 和 OBM 转变。台湾"经济部"投审会的数据显示，从 2009 年至 2018 年 12 月，"陆资入岛"1228 件，核准金额为 21.88 亿美元。在地区分布上，大陆台商投资总体上呈现出南多北少、东多西少的格局。根据台湾"经济部"数据，1991—2018 年，上海、江苏、浙江、福建、广东、安徽、山东的核准投资总额占 83% 以上。

　　台湾区电机电子工业同业公会自 2000 年起开始发布《中国大陆地区投资环境与风险调查报告》（以下简称 TEEMA 调查报告）①，在综合全球、地区、两岸形势基础上，将大陆台商作为调查对象，分析大陆投资环境和投资风险。2018 年 TEEMA 报告认为：台商作为两岸经贸交流与产业合作的最前线，在全球经济和产业变革中面临的挑战有增无减，应对能力出现缺失。2018 年台湾地区"国政基金会"报告指出：台湾企业目前面临着品质过低、研发投入过少以及脱离未来趋势等问题。台湾科技型企业面临的升级问题刻不容缓。

---

① 自 2000 年开始，台湾区电机电子工业同业公会开始"立足台湾，分工两岸，布局全球"策略研究，并开展了年度大陆地区投资环境与风险评估，出版年度研究报告，即《TEEMA 调查报告》。

在开放型经济、技术进步和制度创新三个因素的作用下，大陆台商投资已经从单纯经济策略演化为政治认同、风险规避、企业家偏好、信息处理、政策理解等多种因素耦合下的一个复杂决策过程。

在两岸产业分工基础上，大陆台商积极融入大陆供应链和产业链，从资源整合、优势互补向共创双赢转变。区域布局调整和研发，以及产业标准驱动型的新兴产业布局，成为大陆台商主要的策略选项。

传统上两岸产业链模式以"台湾接单，大陆生产"为主。受新冠肺炎疫情和国际政治格局影响，全球经济活力锐减，直接影响到那些从事中间品环节的出口导向型台资企业。民进党当局企图继续借由美国在芯片等科技领域的霸权地位以及"新南向"政策对台资科技企业施压，降低台资企业在大陆的投资意愿。这些因素均对大陆台商发展产生了主要影响。

在短期利益与长期利益中寻找平衡点是企业时刻面临的挑战。短期利益会显著受外部突发事件冲击，长期利益则由内在的经济规律决定。民进党当局企图通过各种高压手段来斩断台商在大陆投资利益，却无法改变两岸交流交往的历史客观规律。中国大陆有广阔的市场空间、巨大的消费潜力和快速增长的综合实力，这是决定大陆台商去留的根本因素。中国大陆已经进入高质量发展和实现"碳中和"目标的关键阶段，传统产业转型升级力度将进一步加大，低效产业将更快被淘汰。大陆台商应尽快将自身融入国家"十四五"区域和产业发展格局中，在两岸产业链重塑中实现角色转换。

6.1 大陆台商投资的相关研究

受地域分布连续空间过程的影响，许多区域经济现象在空间上具有相关性。对其开展的研究主要包括区位理论和集群理论两个视角。杜能（Von Thunnen）的农业区位论，韦伯（Weber）的工业区位论，哈什（Hirsch）和弗农（Vermon）等人提出的市场容量、劳动力成本、交通运输成本、技术水平、关税、非关税壁垒、税收政策、语言文化环境等因素，提供了成本驱动型 FDI 研究工具。从集聚经济角度研究 FDI 的动机与旨向主要是基于规模经济、专业化、供应链完整性以及"干中学"（learning by doing）等因素而展开。具体到对大陆台资的研究，主要学术观点聚焦在三个方面。

一是对大陆台资特征的分析。台商投资布局具有阶段性[①]，并具有显著的空间聚集特征[②]。区位分布由高度聚集向均衡"波动式"扩散，台商对大陆投资的省（市）际差异大。[③]"南密北疏""东高西低"、行业旨向、小世界网络是大陆台资主要特征。[④]长三角[⑤]、江苏[⑥]、福建[⑦]、厦门[⑧]、深圳[⑨]、苏州[⑩]、东莞[⑪]都成为大陆台资主要聚集地区。从法制、金融、知识产权、基础设施、医疗服务等方面评估，华北地区日益成为大陆台资投资热点地区。[⑫]

二是大陆台资的投资影响因素。影响台商投资重心转移的因素包括地理和区位等硬环境、政策因素等软环境、生产力发展水平、产业链联动转移的群聚效应，以及产业链的驱动。[⑬]规制性制度和规范性制度环境对台商投资有显著正影响。[⑭]全球金融危机对大陆台资影响较大，如果台商外向型特点不改变，将会影响投资质量和规模。[⑮]随着中国大陆经济实力和市场规模的扩大，大陆台资企业提高盈利能力的途径是地区总部、研发中心和本土化策略。[⑯]近来发生的中美贸易摩擦将对大陆台资布局产生影响，影响程度主要取决于台资所处行业、企业规模和应对能力等因素的共同作用。[⑰]

三是大陆台资对两岸经济关系的影响。台商投资活动成为初步奠定两岸关系和

① 邹晓涓 . 1979—2000 年台商投资大陆的历史剖析 [J]. 天中学刊，2005（4）：117-120.
② 戴淑гра、戴平生 . 大陆台资投资地区的空间关联性与影响因素分析 [J]. 台湾研究集刊，2008（4）：48-55.
③ 侯丹丹 . 台商对大陆投资区位分布的时空格局演变 [J]. 台湾研究集刊，2017（3）：72-82.
④ 陈艳华，韦素琼，陈松林 . 大陆台资跨界生产网络的空间组织模式及其复杂性研究——基于大陆台资千大企业数据 [J]. 地理科学，2017（10）：1517-1526.
⑤ 盛九元 . 参照 CEPA 模式进一步扩大长三角对台经济合作的思考 [J]. 两岸关系，2008（12）：26-28.
⑥ 陈国强，陈丽珍 . 台商在江苏直接投资的发展研究 [J]. 特区经济，2010（12）：57-58.
⑦ 李非 . 台商在福建投资的发展回顾与政策思路 [J]. 福建师范大学（哲学社会科学版），2010（2）：46-52.
⑧ 周明伟，吴迪 . 台商在厦门投资的阶段与成效分析 [J]. 厦门特区党校学报，2010（3）：42-46.
⑨ 姜维 . 台商在深圳的投资动态及其影响因素分析 [J]. 改革与战略，2007（1）：100-103.
⑩ 吴茜 . 大陆台资企业协会组织结构及其功能研究——以苏州为例 [D]. 苏州：苏州大学，2014.
⑪ 段小梅，孙娟，冯晔 . 台商投资大陆的产业网络分析与启示——以台湾制鞋业投资东莞为例 [J]. 西部论丛，2016（6）：65-73.
⑫ 段小梅 . 试论中国共产党台商政策的缘起与酝酿 [J]. 党史研究与教学，2006（6）：40-47.
⑬ 王友丽，王健 . 台商投资大陆的重心转移：阶段、特征及其影响因素 [J]. 东南学术，2010（2）：61-69.
⑭ 胡少东 . 区域制度环境与台商投资大陆区位选择 [J]. 台湾研究集刊，2010（5）：64-72.
⑮ 聂平香 . 台商投资内地新形势及对策 [J]. 国际经济合作，2009（9）：32-25.
⑯ 王治，王育新 . 中国大陆台资企业业务整合研究 [J]. 经济问题，2009（4）：56-58.
⑰ 朱磊，中美贸易摩擦升级对大陆台资的影响及建议 [J]. 亚太经济，2019（5）：136-142+152.

平发展的物质基础。① 台资对大陆就业在 1996—2000 年间具有显著的促进效应，但是在 2001—2006 年间不显著。② 台商投资与两岸贸易之间存在互为影响的动态关系，台商投资对台湾贸易的拉动效应更为显著。③ 台商投资对两岸出口与进口贸易虽然都有促进效应，但是由于大陆经济发展以及两岸产业分工变化等原因，这种促进效应正在减弱。④

总体来看，对大陆台商的研究，其主要特点是或者将大陆台商投资作为内生变量研究其影响和表现，或者将其作为外生变量研究其对两岸关系的影响。

6.2 大陆台商投资的空间分布特征

6.2.1 大陆台资布局成因

一般来讲，企业 FDI 的原因主要包括市场驱动的海外竞争力，成本驱动式分享生产要素或是通过建构完整供应链来渐进式地形成产业群聚。国内外学术界从市场容量、聚集程度、劳动力成本、基础设施、人力资本水平、产业结构、对外开放水平、市场化程度、优惠政策等方面研究了 FDI 区域分布的决定因素，但是水平式和垂直式 FDI 的决定因素实际上是有很大差异的。⑤ 中国大陆由于人文风俗和语言的地区差异明显，国外企业投资者相对于中国台湾的投资者而言风险更大，因此许多国外厂商投资区位策略是一种跟进型策略，即选择已经有大量投资的地区（如上海或是北京），从而降低风险。⑥ 台商的大陆布局主要是依据区位优势和企业特性寻找最适当的区位。⑦

---

① 闫安.台商投资大陆经济政治研究——兼及台湾同胞与祖国大陆改革开放和现代化建设三十年 [J].中共党史研究，2011（1）：53-69.

② 喻美辞.台商投资中国大陆对大陆就业的影响——基于大陆 7 个省市面板数据的实证分析 [J].国际经贸探索，2008（8）:62-66.

③ 段小梅，张宗益.替代抑或互补：台商投资与两岸贸易的动态效应分析 [J].世界经济研究，2011（2）：80-86.

④ 胡敏，李非.台商投资与两岸贸易关系的变化特征研究 [J].经济问题探索，2015（5）：93-99.

⑤ 张彦博.外商直接投资的区位选择模型与集聚研究 [D].沈阳：东北大学，2008:62.

⑥ Chang S J, Park S. Types of Firms Generating Network Externalities and MNS's Co-Location Decisions[J]. Strategic Management Journal，2005(26): 595-615.

⑦ 康信鸿，廖婉孜.影响台商赴大陆投资额与投资区位因素之实证研究 [J].交大管理学报，2006(26):15-28.

当然，由于学习经验也是厂商区位选择时重要的因素[①]，因此台商一开始时因对大陆经营环境的不熟悉，投资也往往偏好于大陆的经济特区或台（外）商聚集地，从而分享经济外部性。2010 年《TEEMA 调查报告》数据显示：随着进入大陆时间的增加，台商对大陆法制环境、制度环境逐渐熟悉，并累积了一定的社会资本，投资将不再局限于沿海经济开放区，一些有能力的大企业开始关注或实质性进入内陆或其他具有潜力但经济体量并不是很大的地区，从而拓展新的市场空间并发现新的发展机会。参见图 6.1。

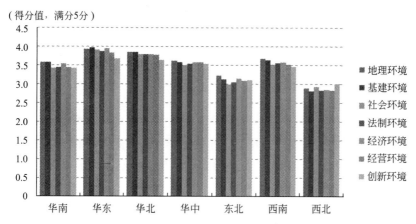

图 6.1　2010 年中国大陆吸引台商投资的地区因素评价（见文后彩图）

数据来源：根据《TEEMA 调查报告》公布数据整理而成。

6.2.2　空间异质性分析

（1）模型概述

莫兰指数（Moran's I）在研究空间变量的相关程度方面具有显著优势。它反映了相邻空间区域的单元属性值的相似程度，从而来分析变量间的空间自相关系数。莫兰指数的计算公示如下：

$$\text{Moran's I} = \frac{\sum_{i=1}^{n}\sum_{j=1}^{n} W_{ij}(Y_i - \overline{Y})(Y - \overline{Y})}{S^2 \sum_{i=1}^{n}\sum_{j=1}^{n} W_{ij}}$$

[①] Davidson W H.The Location of Foreign Direct Investment Activity：CountryCharacteristics and Experience Effects[J]. Journal of International Business Studies, 1980(11):9-22.

其中，$S^2 = \frac{1}{n}\sum_{i=1}^{n}(Y-\bar{Y})$，$\bar{Y} = \frac{1}{n}\sum_{j=1}^{n}Y_i$，$Y_i$ 表示第 i 个地区的观测值，n 为地区总数，W_{ij} 为邻近空间权值矩阵，表示其中的任一元素。一般来讲，W_{ij} 的选择标准如下：

$$W_{ij} = \begin{cases} 1, & \text{区域 } i \text{ 与区域 } j \text{ 相邻} \\ 0, & \text{区域 } i \text{ 与区域 } j \text{ 不相邻} \end{cases}$$

I 的取值范围为 $-1 \leqslant \text{I} \leqslant 1$。当两个地区的经济行为呈现出正相关时，I 的数值较大，负相关则较小。如果 I 的取值为 0，则表示这两个空间的经济行为是互相独立的。采用全局 Moran's I 指数和局域 Moran's I 指数，可以分别测算区域整体的空间相关性，以及被观测区周边区域的空间相关性。据此可以检验各地区台商投资的空间溢出效应。

（2）数据

采用空间面板数据对大陆台资空间布局进行分析，需要选择能够包含测算指标的样本。根据台湾"经济部"投审会公布的历年大陆台商投资地区分布情况，本书采用 1991—2018 年数据，将大陆台商投资金额作为指标，分析大陆台商空间布局特征。选择 32 个省、自治区和直辖市，采用 K- 近邻（KNN）算法测算的 Moran's I 指数检验结果如表 6.1 所示。可以发现，大陆台商 28 年的地区投资整体上呈现出空间异质性分布特征，且其 2004 年、2005 年、2008 年、2012 年、2013 年、2017 年和 2018 年在 5% 水平上显著（参见表 6.1 中的灰色底纹部分）。

我们给出空间特征显著相关的几个年份的空间四分位图，如图 6.2 所示。江苏、上海、浙江和福建作为台商投资高聚集地，与周边台商投资高聚集地具有显著的相关性；广东作为台商投资高聚集地，与周边台商投资低密基地具有负相关性。上述情况在几个显著年份中维持不变。其余省份相关性表现并不明显。Moran's I 指数清晰地表明了大陆台商空间地区呈现出地区异质性差异。

表 6.1　1991—2018 年省域 Moran's I 指数检验

年份	I	E（I）	sd（I）	z	p–value*
1991	0.190	−0.05	0.141	1.705	0.044
1992	0.061	−0.05	0.092	1.205	0.114
1993	0.139	−0.05	0.135	1.407	0.080
1994	0.221	−0.05	0.161	1.683	0.046

续表

年份	I	E（I）	sd（I）	z	p-value*
1995	0.226	−0.05	0.163	1.691	0.045
1996	0.177	−0.05	0.163	1.389	0.082
1997	0.093	−0.05	0.121	1.180	0.119
1998	0.058	−0.05	0.128	0.843	0.200
1999	0.015	−0.05	0.137	0.474	0.318
2000	0.012	−0.05	0.145	0.427	0.335
2001	0.108	−0.05	0.145	1.091	0.138
2002	0.206	−0.05	0.152	1.685	0.046
2003	0.163	−0.05	0.150	1.424	0.077
2004	0.264	−0.05	0.145	2.170	0.015
2005	0.230	−0.05	0.138	2.029	0.021
2006	0.172	−0.05	0.131	1.688	0.046
2007	0.175	−0.05	0.131	1.718	0.043
2008	0.205	−0.05	0.120	2.123	0.017
2009	0.182	−0.05	0.126	1.846	0.032
2010	0.155	−0.05	0.126	1.630	0.052
2011	0.223	−0.05	0.140	1.946	0.026
2012	0.361	−0.05	0.148	2.776	0.003
2013	0.313	−0.05	0.157	2.318	0.010
2014	0.244	−0.05	0.161	1.831	0.034
2015	0.271	−0.05	0.166	1.927	0.027
2016	0.165	−0.05	0.128	1.683	0.046
2017	0.375	−0.05	0.148	2.870	0.002
2018	0.365	−0.05	0.159	2.617	0.004

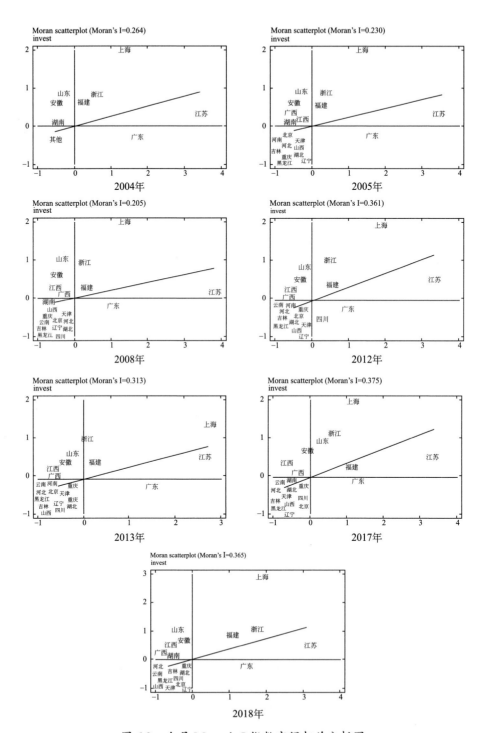

图 6.2　全局 Moran's I 指数空间相关分析图

6.2.3 大陆台资区域布局影响因素

（1）数据来源与变量选取

由空间相关性分析得知，大陆台资在 1991—2018 年间并未显著呈现出连续的空间相关性。选择某一年份的指标来分析影响大陆台资的影响因素，而不考虑时间因素影响，并不能从一段时期内客观识别出影响台资的关键因素。数据时间跨度越长，结果越客观。基于数据的可得性和指标的一致性，本书选用 2008—2018 年间 21 个省、自治区、直辖市的大陆台资金额以及台湾电电公会公布的大陆台商投资环境评价数据，分析大陆台资的影响因素。这 21 个省、自治区、直辖市包括黑龙江、吉林、辽宁、河北、北京、山西、天津、山东、江苏、安徽、四川、湖北、重庆、上海、浙江、湖南、江西、云南、福建、广东、广西。

依据 TEEMA 报告，考虑到指标的连续性，本书选择的具体指标包括社会环境、市场环境、经济环境、法制环境、经济风险、经营风险、社会风险、法制风险、台商推荐度。本书采用《TEEMA 调查报告》中公布的评分值（评分值在 0~5 分之间）作为自变量数据值。参见表 6.2。

表 6.2 大陆台资区位影响因素

自变量		符号
投资环境	社会环境	SOEN
	市场环境	MARK
	经济环境	ECEN
	法制环境	LAWE
投资风险	社会风险	SORI
	法制风险	LARI
	经营风险	MARI
	经济风险	ECRI
台商推荐度	台商推荐度	RECO

数据来源：根据《TEEMA 调查报告》公布数据整理而成。

（2）面板数据分析

采用普通面板数据进行分析。F 检验显著，采用二阶回归，建立混合效应模型，得到表 6.3。结果显示：不考虑地区间差异，总体上这 28 年间大陆台商投资的主要因素包括市场环境、经济环境和经济风险。从结果看，在 5% 水平上，经济环境与大陆台商投资具有正相关性关系。市场环境和经济风险与大陆台商投资具有负相关关系。

表 6.3　普通面板混合模型分析结果

In_invest	Coef.	Std. Err.	t	$P > \|t\|$	[95% Conf. Interval]	
SOEN	0.092 816 2	1.352 914	0.07	0.945	−2.573 447	2.759 08
MARK	−5.371 938	1.324 444	−4.06	0.000	−7.982 095	−2.761 782
ECEN	4.604 847	1.291 258	3.57	0.000	2.060 092	7.149 601
LAWE	0.491 041 8	1.673 235	0.29	0.769	−2.806 496	3.788 58
ECRI	−5.310 033	1.587 086	−3.35	0.001	−8.437 794	−2.182 273
MARI	2.252 399	1.538 503	1.46	0.145	−0.779 616 1	5.284 414
SORI	1.167 661	1.173 047	1.00	0.321	−1.144 129	3.479 452
LARI	0.391 977	1.611 276	0.24	0.808	−2.783 456	3.567 41
RECO	0.527 385 8	0.773 431 8	0.68	0.496	−0.996 859 9	2.051 631
_cons	14.083 83	5.423 201	2.60	0.010	3.396 019	24.771 63

由于大陆台资的区域分布呈现出特定的区位特征，因此，不考虑时间和空间特征进行分析，解释力显然不足。这里采用 Moran's I 测算了大陆台资 1991 年以来的空间分布特征，并用分块对角矩阵 $C = I_T \times W_N$ 作为空间权重矩阵，建立空间面板数据模型。从 Lmerr（29.320）和 Lmsar（24.660）结果看，空间误差模型比空间滞后模型更具信度，因此应采用空间误差模型。空间误差模型反映了区域溢出效应是随机冲击的作用结果。

空间误差模型（SEM）：

$$y = X'\beta + \mu$$

$$\mu = \lambda(I_T \times W_N)\mu + \varepsilon$$

其中，y 为因变量，X 为自变量向量（包括常数项），β 为变量系数，μ 和 λ 分别为空间自回归系数和空间自相关系数，ε 为误差成分。在一维误差分解模型中，$\varepsilon = \eta_i + v_{it}$ 或 $\varepsilon = \delta_t + v_{it}$；在二维误差分解模型中，$\varepsilon = \eta_i + \delta_t + v_{it}$，$\eta_i \sim IID\,(0, \omega^2_i)$、$\delta_t \sim IID\,(0, \xi^2_t)$ 以及 $v_{it} \sim IID\,(0, \sigma^2_{ti})$。$t$、$i$ 分别为时间维度与截面维度，I_T 为 T 维单位时间矩阵，W_N 为 $n \times n$ 的空间权重矩阵（n 为地区数），权数系数可以根据实际情况决定。SEM 估计结果如表 6.4 所示。结果表明：在这十年的大陆台商投资中，显著影响因素包括市场环境、经济环境和经济风险，且时间固定效应显著。

表 6.4　SEM 结果

变量	Model (1) re	Model (2) fe_ind	Model (3) fe_time	Model (4) fe_both
Main				
SOEN	0.783 (1.109)	0.745 (1.068)	0.040 0 (1.305)	1.401 (1.093)
MARK	−1.696 (1.045)	−1.057 (0.991)	−4.528*** (1.360)	−1.203 (1.019)
ECEN	−0.907 (1.347)	−2.125 (1.286)	5.651*** (1.270)	−2.125 (1.277)
LAWE	0.898 (1.576)	1.126 (1.534)	−0.947 (1.583)	0.638 (1.524)
ECRI	−0.723 (1.236)	0.108 (1.176)	−5.133*** (1.458)	0.103 (1.172)
MARI	−0.794 (1.237)	−1.438 (1.182)	1.374 (1.518)	−1.800 (1.198)
SORI	0.950 (0.935)	1.045 (0.896)	1.824 (1.112)	0.548 (0.934)
LARI	0.160 (1.230)	0.112 (1.177)	0.357 (1.534)	0.894 (1.258)
RECO	1.010 (0.563)	1.139* (0.538)	0.059 8 (0.903)	0.685 (0.673)
_cons	12.43** (4.073)			
Spatial				
λ	0.194* (0.077 8)	0.202** (0.074 1)	0.286*** (0.071 5)	0.148* (0.075 2)
Variance				
ln—phi	0.693 (0.378)			
Σ_e	1.415*** (0.140)	1.271*** (0.119)	2.872*** (0.271)	1.216*** (0.114)
N	231	231	231	231

Standard errors in parentheses；*$p < 0.10$，**$p < 0.05$，***$p < 0.01$.

model 1: no fixed effects; model 2: spatial fixed effects; model 3: time fixed effects; model 4: spatial and time fixed effects.

综合结果看，2008—2018 年，时间效应对大陆台商投资影响显著，地区效应不明显。从影响因素看，大陆台商投资与经营风险之间存在显著的负相关关系。大陆经营风险低被台商认为是投资的主要影响因素。大陆宏观经济稳定，对台资和台胞一直在提供更多的投资与生活便利化措施，台商在大陆能够安心投资。市场环境、经济环境和大陆台资之间存在显著的正相关关系。大陆台商近年来的投资动机逐步从成本导向向市场旨向和环境旨向改变。当市场环境和经济环境质量高时，这个地区就会成长为台资聚集区。其他因素并未与台商投资金额呈现出正相关的关系，如台商推荐度。大陆台商一向被认为采取"根植网络式"策略，但是这个因素在该模型中并未得到检验。2008 年以前在"陈水扁时期"，台资企业在岛内很难获得相应的"社会资本"（如声誉、政府支持、社会网络关系），这些台商在岛外选择投资地区，非常重视"关系型"资源。台商推荐度就成为选择投资地的主要影响因素。2008 年国民党再次在岛内"执政"后，两岸关系取得了较快发展，两岸制度化协议让大陆台商吃了一颗"定心丸"。因此，台商推荐度不再成为主要因素，台商投资的主动性大幅度提升。2016 年民进党"上台"后，蔡英文采取所谓的"新南向"政策，让台商避开或撤离大陆转向东南亚投资，进一步弱化了"台商推荐度"的影响效果。

总体来讲，从 2008—2018 年大陆台商投资行为看，其投资动机以环境和风险考量为主，而非前 20 年大陆台资追求成本最低的动机，以及"熟人"介绍和"试一试"的心态。大陆台资企业区域布局策略整体上正在发生变化。

6.2.4　大陆台资区域布局特征

（1）大陆台资的空间同质性和时间效应均在增强

总体来看，地区经济发展潜力和经济总量及基础条件好的区域，台资投资热度高。从分析结果看，2008—2018 年，空间固定效应不明显，这说明台商在大陆投资的区域分布均衡性有所增加，改变了以往的地区"异质性"。[①]

随着全球投资环境开放度的提高、信息网络平台的普及、沟通渠道的拓展以及

---

① Yingbo Li. Spatial Heterogeneity and Its Determinants of Taiwan Firms in Mainland China[J]. American Journal of Industrial and Business Management, 2013(1): 75-85.

投资理念的更新，企业的区外投资已经不仅是一个单纯的经济行为，它已经逐步演变为一个融合行为、心理、信息、制度和政策的复杂的社会判断体系。因此，仅依赖于"成本最低"或者"熟人介绍"的投资变得似乎不那么重要了，综合因素作用更强。从莫兰指数测算模型结果看，在时间效应显著的一些特定年份，大陆台资的空间布局要依赖于企业长期地、累积性地考察某个地区的投资环境的变化，客观制定投资策略；同时也受到两岸关系大局和台湾当局政治行为的影响。

（2）岛内政治形势对大陆台商投资具有显著影响

2009 年以后，在经历了金融危机涤荡后，全球经济进入新的调整期。产业竞争格局变化，新兴市场崛起，技术迭代更快，国际经贸形势"变数"加大，此种情形下，企业地区投资的考量因素已经不再拘于成本一处，在经济环境稳定性、风险可控和贸易自由化等方面寻求强势地区成为投资的主要因素。2008 年以后，国民党再次在台湾"执政"，两岸关系也进入一个新阶段。尤其是 ECFA 签署后，两岸产业合作紧密度和制度化均有大幅提升。虽然在这个时期，全球经济增速放缓，但中国大陆经济持续增长，产业结构调整加快。单从成本角度看，台资企业转型压力和挑战确实很大。但在两岸关系向好趋势和台商投资便利化政策的双重加持下，大陆台商的投资信心并未受到明显影响。2016 年民进党"上台"后，一改国民党的两岸政策，背离"九二共识"，"台独"主张和行为日渐现形。民进党推出"新南向"政策的目的之一就是希望台商从大陆撤资转移。台商转移到东南亚投资的意愿从 2017 年开始显现。

（3）加强要素环境建设（包括地区创新环境、就业平台、劳动者教育、知识产权能力）是未来重点

传统制造业大陆台资需转型升级自己的低附加值业务单元，包括先进制造业和生产性服务业（如研发中心、检测中心、融资平台）。服务业台商需采用物联网模式，整合进大陆互联网平台，实现在线转型升级和创新。在经济发展水平较好、金融资本充沛、科技创新能力较强的地区，加强区域禀赋环境建设，包括就业条件和平台以及法制能力，是大陆台商扎根地区发展的重点。

6.3　中美贸易摩擦对大陆台商布局的总体影响

6.3.1　中美贸易摩擦对两岸产业关系的总体影响

2018 年年初，美国单方面开始对中国提高关税，中美贸易形势急转直下。"美国优先"的政策逻辑严重违背了正常的国际贸易秩序，以美国跨国公司为主的全球生产网络产生了巨大的脆弱性和断裂风险。对此，很多经济体都开始寻求自身在全球产业链中的新机会。从美国宣布的对中国征收 2000 亿美元关税的产品看，重点在食品、纺织品、化学制品、贵金属、制造业、轻工业类。这些都是中国出口到美国的主要产品领域，也是美国国内的重要生产和生活必需品。增加进口关税意味着美国居民国内的生产生活成本大幅增加。但苹果与 Fitbit 的智能手表，以及诸如自行车头盔、儿童汽车座椅等消费品则被排除在征税清单之外。这些行业都是中美产业链环节错综交织的领域，正所谓牵一发而动全身，可见美国提高关税的短期意图是遏制中美贸易顺差，长期看是通过政策干预来促使美国跨国企业调整中美产业链布局策略，从而保住美国战略关键核心产业的领导地位。从战略贸易战的角度看，中美贸易摩擦的原因是美国企图要重构全球利益格局，转移美国国内盾，遏制中国发展，最终维系美国的全球霸主地位。因此，中美贸易摩擦具有长期性和复杂性。

根据海关总署的产品分类，中国对美国的主要出口产品是电机、音像类产品，出口金额从 1995 年的 55.30 亿美元提升到 2017 年的 1985.39 亿美元，占比从 22.38% 提升到 46.20%，接近出口总额的一半。这部分主要包括各类机器、设备、电子电路相关产品及其零部件，产品涉及机械、家电、电子等多个行业。从中国第一轮对美国提出的征税清单看，中方征税范围从食物到生活用品、生产资料均包含其中；有农产品、食品、皮革、木材，以及多项建筑材料、金属原材料、化工产品，同时也包括路由器、交换器等多项机电产品。从美国进口的肉类、海鲜、浆果、咖啡和茶，生活用品如折叠伞、鞋靴、帽子、厨房用品，生产资料如玻璃、不锈钢材等，也在其中。

从两岸产品贸易结构看，两岸的产品贸易主要涉及机电产品、化工产品、贱金属、塑料橡胶和光学、钟表、医疗器械等，两岸产品贸易的同质性非常高。参见表 6.5，灰色部分为两岸贸易同质性高的商品。中国台湾全球价值链参与程度高达 67.6%，且台湾附加价值出口到美国所占 GDP 的比重高于韩国、中国大陆。尤其是大陆台资在

30 年的发展中，逐步与大陆建构起产业链的上下游互补关系，且维持在制造业 70%
以上的投资。中国对美出口的前 100 名大陆企业中，80% 是台资和合资企业。

表 6.5 两岸 2017 年主要产品贸易结构 百万美元

海关分类	商品类别	2017 年 1~12 月大陆从台湾进口	同比增长（%）	2017 年 1~12 月大陆出口到台湾	同比增长（%）
第 16 类	机电产品	44 490	26.8	29 946	20.9
第 18 类	光学、钟表、医疗设备	8947	9	1562	−4
第 6 类	化工产品	8312	14.9	4364	−0.6
第 7 类	塑料、橡胶	7630	20.6	1489	15
第 15 类	贱金属及制品	5089	22.6	4614	12.6
第 11 类	纺织品及原料	1920	4.8	1449	1.1
第 13 类	陶瓷、玻璃	1019	5.1	728	−3.9
第 5 类	矿产品	595	26.8	564	−6.2
第 17 类	运输设备	552	−37.1	969	−5.2
第 4 类	食品、饮料、烟草	462	10.1	243	14.1
第 20 类	家具、玩具、杂项	407	13.9	1108	7.9
第 10 类	纤维素浆、纸张	396	33.5	469	14.4

数据来源：中国商务部。

美国在台湾地区的产业布局近年来也发生了深刻变化。2006 年以前美国在台湾
地区的 OFDI 重点在制造业和金融业。2006 年以后金融业和制造业比重迅速下降，
到 2016 年，美国在台湾地区金融业的 OFDI 占比下降到了 9.6%。制造业 2011 年出
现反弹，并且近些年仍维持较大比例。批发贸易业的 OFDI 占比逐年提升，2015 年
达到 22.64%。这些情况表明，美国将台湾地区在全球价值链分工体系中定为制造业
节点和物流节点。

美国因素在两岸关系中一直具有重要影响。从两岸产业贸易与投资看，受中美
贸易摩擦的持续影响，原在大陆的台商很有可能将在大陆的产能转移到东南亚，或
者维持在大陆的产能不变而在东南亚设厂，以拓展产业链的空间布局，寻求更为优
惠的成本条件和稳定的国际市场。美国大幅提高对中国进口产品的关税，也会抑制
外资企业对大陆市场的预期，转移在华产能，切断与国内相关行业的产业联系。另外，

中国与东盟国家的关税也在逐年降低，如果大陆台商经营成本日益上升，台商"新南向"的可能性就会增加。

当下，经济全球化走到了一个十字路口，新冠疫情持续影响全球经济，各国经济复苏乏力、大幅缩水。中美贸易摩擦进一步夹杂着国际政治、经济和再次抬头的西方麦卡锡主义，给本来已经黯淡的全球经济更带来了雪上加霜的效果。

6.3.2 中美贸易摩擦对两岸生产网络布局的长期影响

根据 WTO 原产地（ROO）规定，中国采用 RVC（区域价值含量）原则，即零部件成本超过 40% 从美国进口的产品就被视为美国原产地产品。美国的 ROO 上限则是 60%，汽车行业甚至高达 62.5%（根据 NAFTA）。也就是说，倘若从中国出口到美国的零部件作为美国终端产品的中间投入品，只要中间品的成本超过 60%，即视为中国原产地产品。这意味着，国内的企业（无论是否台资），只要为美国终端产品提供的中间品的成本超过 60%，就要增加关税。这无疑对国内企业以及大陆台商对美的出口空间造成巨大的"挤压效应"。

事实上，大陆台商作为美国的代工厂，这些年来为美国很多关键制造业提供了众多零部件产品。应当说，从全球生产网络看，没有理想化的两国贸易，国家和地区间的贸易网络早就在全球化中融为一体了。长期贸易摩擦的后果是"一损俱损"。正所谓"城门失火，殃及池鱼"。没有哪个国家和地区可以"隔岸观火"。世界银行贸易、区域一体化和气候投资委员会主席卡洛琳·弗伦德等人（Caroline Freund，2018）认为中美贸易战将压制双边贸易，扰乱全球供应链，并增加其他国家对替代品的需求。[①] 全球贸易紧张局势将导致企业由于市场准入的不确定性而推迟投资，造成发展中国家投资减少；同时全球经济政策的波动性明显被拉高了。[②]

两岸合作的五个重点产业，都是台湾产业体系中的支柱产业。其中，两岸企业呈现出明显的价值链分工结构：大陆企业在制造环节，台湾企业主要居于产业上游研发以及中下游集成和品牌环节。

---

① Freund C, Ferrantino M, Maliszewska M, et al. Impacts on global trade and income of current trade disputes [J]. MTI Practice Notes, 2018, 2.

② Doifode A, Narayanan G B. Trade Effects of US China Trade War: An Econometric Analysis [J]. Available at SSRN, 2020.

（1）市场迁移效应：终端市场重新定位

国际分工理论中的贸易收益，是指国家和地区参与国际贸易和分工获取的要素收益的总和，如劳动者获取工资报酬、资本所有者获取资本回报等。大量的中间品和原材料在不同的分工地区间流动，因此计算贸易收益是一个复杂的过程。对在生产网络中将美国作为终端市场的两岸企业而言，所受影响是可预期的，通过改变终端市场来规避经营风险的做法也是可行的。但是，对那些只把大陆作为生产制造基地而给欧美企业代工的大陆台商来讲，生产出的中间品要出口到美国等国家，他们所遇到的困难和风险就会成倍增加。

与美国企业形成上下游供应链关系的大陆台资企业，很多都是为美国大厂代工的中游环节加工制造商。有研究表明：美国对华出口的主要产品中，间接出口及增值折返两种形式占国内增加值比重非常大，如电子和光学设备占 27% 左右。这次美国提高关税，将会显著增加这些大陆台商的出口成本。因此，这些台资企业如果能够寻找到下游市场，将有可能维持大陆业务和产能，但也许会调整产品出口地，将大陆或者与大陆签订 FTA 的贸易区作为产品出口地。

（2）投资迁移效应："新南向"的可能性显著增加

受贸易战的影响，大陆台商很有可能将在大陆的产能转移到东南亚，抑或维持在大陆的产能不变而在东南亚设新厂，扩大生产网络运作空间，以寻求更为优惠的成本条件和稳定的国际市场。美国大幅提高对中国进口产品的关税，也将降低美国在内的很多外资企业对国内市场的投资预期，转移在华产能，从而切断国内相关产业链的环节。

同时，中国与东盟国家的关税在逐年降低。如果大陆台商的经营成本日益上升，这些台商"新南向"的可能性也会随之增加。台商完全可以在东南亚设厂，然后将产品出口到大陆并享受到优惠关税政策。加之，台湾地区的"新南向"政策也在很大程度上会起到推波助澜的作用。因此，大陆台商"两条腿走路"的策略完全是有可能的。《TEEMA 调查报告》显示：对大陆城市投资的影响因素中，投资环境力和投资风险度所占权重（分别为 40% 和 30%）最高，在这两项指标中，法制环境和经营风险又分别是比重最高的两个因素（分别占 15% 和 25%）。相比之下，城市基础条件、投资条件、消费条件的权重有所下降，参见表 6.6。从中可以看出：第一，维持台资企业现状（台湾母公司继续生产运营）的企业意愿占比最大；第二，与大陆企业合资的比重增加；第三，对大陆扩大投资生产的企业意愿下降。

表 6.6 2013—2017 年 TEEMA 受访厂商对未来的规划布局

台资未来规划布局	2013 年	2014 年	2015 年	2016 年	2017 年
台湾母公司继续生产运营（%）	46.34	47.12	46.18	45.32	44.72
扩大对大陆投资生产（%）	46.12	40.28	38.96	36.28	32.46
台湾关闭厂房仅保留业务（%）	11.18	10.82	11.47	11.94	10.61
与陆资企业合资经营（%）	8.63	9.23	10.56	11.45	12.98
希望回台上市融资（%）	4.08	6.29	6.85	6.97	7.45
回台投资（%）	7.14	6.18	6.24	6.33	7.01

资料来源：台湾区电机电子工业同业公会，2017 年中国大陆地区投资环境与产业发展调查。

上述两个效应取决于台资对大陆和东南亚地区投资环境和成本的权衡取舍，也受我们对大陆台商后续投资的政策考量，以及台湾企业在美国主导的产业链中的重新定位的影响。

6.4 粤港澳大湾区台商融入机制

推动粤港澳大湾区发展是国家制定的一项重大的区域发展战略。2019 年 2 月 18 日，国务院印发《粤港澳大湾区发展规划纲要》（以下简称《纲要》），是指导大湾区当前和今后一段时期内发展的纲领性文件。《纲要》明确提出了"建设粤港澳大湾区，既是新时代推动形成全面开放新格局的新尝试，也是推动'一国两制'事业发展的新实践"，"支持香港、澳门融入国家发展大局，增进香港、澳门同胞福祉，保持香港、澳门长期繁荣稳定"。这些政策目标为我们展现了一幅国家富强统一的宏大卷帙。作为扎根大陆发展的台商，未来在其中有哪些可以融入的渠道和机制呢？

6.4.1 粤港澳大湾区是台资企业密集区

粤港澳大湾区包括香港特别行政区、澳门特别行政区和广州、深圳、珠海、佛山、惠州、东莞、中山、江门、肇庆等地。粤港澳大湾区基本上涵盖了原来的珠三角 9+2

的地理范围。湾区目前总面积 5.6 万平方公里，人口 7000 万。2017 年经济总量达到 10 万亿元新台币。与全球其他三大湾区（纽约大湾区、旧金山湾区、东京湾区）的经济指标相比，除人均 GDP（2 万美元，排名第四）和第三产业比重（52.1%，排名第四）之外，粤港澳大湾区的人口、GDP 总量及其占全国比例、货物吞吐量、大学数量等几项指标均排名在第一或第二的位置。①

截至 2018 年 12 月，江苏省的台商投资金额排名第一，广东排名第二；广东省的台资企业数排名第一，江苏排名第二。具体情况参见表 6.7。

表 6.7 大陆台商投资主要聚集地排名（1991 年 1 月—2018 年 12 月）

地 区	件数	金额（百万美元）	占总金额比重(%)
江苏省	7251	55 724.95	30.6
广东省	13 210	33 166.64	18.2
上海市	6183	26 608.87	14.6
福建省	5777	15 066.46	8.3
浙江省	2329	11 914.55	6.5

数据来源：台湾"经济部"投审会，"核准对大陆分区年份总表"。

事实上，广东是台资企业最早来大陆发展，也是最主要的集聚区，在传统制造业方面具有很强的比较优势。图 6.3 显示：2000 年以前，台资产业在广东省的投资金额一直高于江苏省；2000 年以后，大陆台商开始快速向长三角迁移。这与以江苏为代表的长三角地区快速推进产业转型升级和新兴产业布局密切相关。

2018 年《TEEMA 调查报告》显示：在台商对大陆城市竞争力的排名打分中，深圳、广州为第 3 和第 4，佛山排名 21，东莞排名 26，惠州排名 46，珠海排名 49，中山排名 53，江门排名 64。而 2018 年大陆台商极力推荐的前十个投资城市中，粤港澳大湾区无一上榜；相反，前十劣城市中，东莞厚街和东莞长安却是"榜上有名"。不过，我们也可以看到变化，江门、中山、东莞市区、惠州、深圳宝安、东莞虎门在 2018 年台商推荐度评分上升最快，部分反映了台商有意愿回流到广东部分地区的趋势。

---

① 广东省社会科学院.粤港澳大湾区蓝皮书：粤港澳大湾区建设报告 (2018)[M]. 北京：社会科学文献出版社，2018.

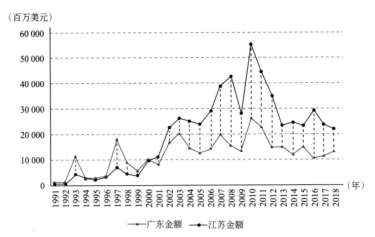

（百万美元）

图 6.3　广东和江苏的大陆台商历年投资金额增长情况

数据来源：台湾"经济部"投审会，"核准对大陆分区年份总表"。

6.4.2　港澳地区与台湾地区的经济产业关系

香港和澳门在台湾地区对岛外的贸易和投资中也扮演着重要角色。从图 6.4 可以看出：台湾地区对大陆（不包括港澳地区）和香港的贸易顺差近些年来一直呈现出较快增长；香港对台湾贸易顺差的贡献大约占台湾总贸易顺差的 7% ~ 8%。

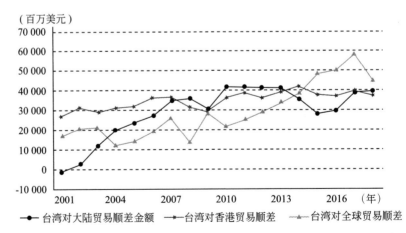

（百万美元）

图 6.4　台湾地区对大陆（不包括港澳地区）、香港和全球贸易顺差情况
数据来源：台湾"海关"统计数据。

图 6.5 显示：台港相互投资时间开始较早。在 2000 年以前，香港对台湾的投资一直高于台湾对香港的投资。之后台港相互投资进入热络期，在一些年份台湾对港投资数量较大。相比之下，台湾与澳门的相互投资有些"冷清"。受制于澳门地域空间和产业结构单一的状况，台湾对澳门的投资只是星星点点，但澳门对台湾的投资在近几年也表现出了增加趋势。

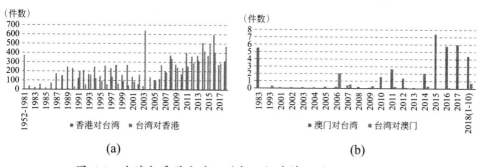

图 6.5　台湾与香港和澳门的相互投资情况（见文后彩图）

（a）台港相互投资；（b）台澳相互投资

数据来源：台湾"海关"统计数据。

6.4.3　深化台资企业和台湾同胞融入粤港澳大湾区的渠道与机制

在《纲要》中，国家对粤港澳大湾区构建现代产业体系和优质生活圈给予了高度关注。在这两项内容中，台商都可以找到扎根空间。应当说，台资企业本身就是粤港澳大湾区发展的重要成员。2019 年 1 月我们开展了在香港和澳门地区的调研，谈及与广东地区的台湾企业对接意愿时，香港总商会和澳门中小企业协进会的众多企业表示：它们非常希望能够建立与广东台商的合作交流渠道。其原因不仅是基于产业和经济合作动机，更多的是希望能够通过与台商的合作交流，了解内地营商环境，学习运营经验。这部分是大陆台商经过近 30 年在大陆不断积累学习和实践所获得的宝贵财富。

第一，科技产业和金融是未来台湾企业寻找在粤港澳发展空间的重要载体。《纲要》中明确提出粤港澳大湾区要建立现代产业体系。这其中既包括先进制造业（如互联网、大数据和人工智能与传统制造业结合），又包括新兴服务业（数字产业、文化创意产业、医疗卫生、教育服务和旅游休闲产业）。这些部分恰是台资企业下一步着重转型升级发展的重要目标，台资在一些关键领域也具备较强的研发能力和产业运作能力。缺少发展转型资金一直是困扰台资中小企业的难题之一，通过港澳金融资本与广东台资企业的对接，既可以继续发挥香港金融中心的作用，推动资本跨境合作，又可以有效推动台资企业升级。

第二，发挥台湾文化创意优势，推动澳门旅游业发展。我们在调研中发现，澳门旅游资源很丰富，但旅游衍生品和旅游规划不尽如人意，餐饮业与旅游业的整合力度也不够。澳门旅游局反映说，澳门旅游禀赋很好，但缺少专业的人才和商业公司对其进行开发经营。因此，澳门旅游呈现出的样貌比较单一。相反，台湾在这方面颇具优势。如果能搭建台湾文化创意人才在澳门发展的平台和渠道，势必对澳门产业多元化发展以及融入湾区总体产业生态发挥积极作用。

第三，加强港澳台高校与广东高校的合作。《纲要》中明确了教育、文化、旅游、社会保障等方面的生活圈的定义。在大学教育和职业教育方面，要在大湾区建立教育实训基地，鼓励联合办学，加强基础教育。对此，台湾同胞可以与大陆居民以相同身份进入教育与培训体系，也可以与台湾青创园相互结合，为台湾青年人和专业技术人才提供发展平台。在粤港澳大湾区建立港澳台文化产业基地，可以整合港澳台优质的文化资源，同时能够吸引台湾高校青年人才来湾区发展。

第四，让台湾同胞在粤港澳大湾区打造的优质生活圈中拥有更多的获得感。我们知道，台湾地区在休闲养生产业方面具有很强的比较优势，包括医疗照护、休闲养生等领域都有很好的经验。早在2010年，高雄港就已经开始着手建立游艇经济和后市场化服务体系。目前，澳门也在计划推动邮轮、游艇产业发展。两者是很好的合作伙伴，可以在开发高端旅游养生项目上加强合作。因此，可以全方位动员大陆台资，乃至台湾岛内休闲旅游企业，在粤港澳大湾区中寻找发展合作机会，构建多元包容的优质文化生态圈。综上，粤港澳大湾区建设中，台湾企业和台湾同胞的机会巨大，但需要思考融入领域、比较优势和具体策略。

第 7 章

两岸科技治理机制创新

30 年前，台湾禁止大陆科技人员访问台湾，大陆却欢迎台湾科技人员访问大陆。两岸科技合作在当时是单向的，科技合作的各项事务主要是单件处理。20 世纪 90 年代后，两岸关系多变，李登辉"两国论"的提出以及台湾对大陆"积极管理，有效开放"的政策，给两岸关系发展带来了严峻挑战。2000 年民进党"上台"以后，两岸关系更加错综复杂，两岸经济、科技议题常与政治议题相互交织，形成耦合效应。台湾将很多问题"国际"化，在科技上也希望寻求所谓的"国际"空间，并在关键技术领域对大陆实施"高技术封锁"以保持台湾的核心优势，对岛内技术转移大陆实施严格监管，导致了两岸在科技合作上存在严重的不对等。

中国加入世贸组织后，融入全球市场、参与国际竞争的机会增加。但是，以美国为首的发达国家对新兴经济体的技术管制和封锁仍在继续，美国对中国的技术贸易制裁也时有发生。WTO 框架下的 TRIPS 协议更限制了中国参与全球知识产权体系竞争。2008 年全球经济危机后，全球高技术产业的重心开始从欧美国家迅速向新兴经济体转移。中国大陆对战略性新兴产业和自主创新的政策关注度不断攀升，中国台湾在国民党"执政"期间对智慧新兴产业的投入力度也有很大提高。在此期间，两岸科技合作的范围和方式开始更加灵活多元；制度和市场的"双杠杆"对两岸科技合作的调节机制逐渐增强。两岸科技合作已经不仅仅局限于两岸双方，在全球科技竞争背景下寻求两岸共赢之道成为共识。党的十九大报告在台湾问题上再次强调："将扩大两岸经济文化交流合作，实现互利互惠"，同时也"绝不容忍国家分裂的历史悲剧重演"，这足以彰显党和国家解决台湾问题的决心、自信和能力。建立两岸科技治理机制是两岸科技界和产业界共同的必然选择。

7.1 两岸科技合作治理：阶段与特征

自 1993 年 4 月"汪辜会谈"后，文教科技交流议题被纳入共同协议。台湾"国科会"制定的"科学技术白皮书"进一步明确了推动两岸科技交流的重点，体现了两岸科技合作的制度性交流。但是，台湾在两岸科技交流中仍抱有狭隘防备的心态。相反，大陆对台科技交流一贯秉持着开放包容态度。早在 1987 年国务院就通过了《指导吸收外商投资方向暂行规定》，为台商开启了来陆投资的大门。1994 年第八届全国人民代表大会常务委员会第六次会议通过了《中华人民共和国台湾同胞投资保护法》，1999 年《中华人民共和国台湾同胞投资保护法实施细则》，为台商在大陆投资，进行科技与产业的合作需要创造了良好的法制环境。

两岸科技合作的方式主要是参观访问和学术会议，开展科技项目联合研发的情况也逐渐增加。同时，科技合作开始向技术链下游转移，主要是通过大陆台资与大陆内资在产业链上下游配套环节的合作，或者是两岸间的技术贸易来实现的，这种方式是一种技术溢出。但是，两岸科技合作的组织形式创新还不够，两岸共同建立研发中心或者联合实验室开展长期战略合作的情况还不多见。大陆台资的空间布局呈现出一定的异质性特征，彼此间的空间依赖性不强。这种状况影响了双方科技交流合作的效果。

但另一个方面是，两岸科技合作已经从分散的、松散的、微观主体间的交流渐渐转变为集体式、产业性和制度性的交流合作。科技活动已经在产业合作以及经济合作的各个环节发生，非技术性的知识溢出更加明显。尤其在 ECFA 框架下，两岸科技合作为两岸制度协商提供了实践场域。两岸科技合作成为塑造两岸共识、凝聚两岸科技与产业的重要机制纽带。ECFA 签订后，两岸产业交流与合作的广度和深度逐步加深，与 ECFA 同时签订的《海峡两岸知识产权保护合作协议》从机制层面加强了对两岸科技合作的制度保障。

总体上讲，从 20 世纪 90 年代初台湾地区科技界人士到大陆访问以促进两岸了解和科教文化交流，到近些年在一些具体的高技术产业领域加强科技研发合作，并加强两岸机制性的衔接和制度的融合，两岸科技合作发生了阶段特征的转变。本书基于科技治理的基本逻辑，分析了两岸科技治理特征变迁，如表 7.1 所示。

表 7.1　两岸科技治理特征变迁

治理向度	时间线逻辑				
	1990 年	2000 年	2010 年	2018 年	2020 年
技术	学术研讨	基础科学项目带动	传统产业科技与知识产权带动	新兴数字技术驱动	健康等公共议题引领
人员	两岸科学家接触型交流	两岸科技人员互访	两岸高校、科研机构、科技型企业间跨组织人员流动	惠台"31 条"和"26 条"激励台湾青年来陆发展	民进党当局阻挠台湾科技人员来陆;疫情影响下两岸人员互访受阻
创新链	在创新链上游,两岸侧重知识分享	基础科学合作;大陆台资传统产业科技渐进式创新	大陆台资企业技术溢出;两岸知识产权与技术标准互动	台湾青年"双创"平台建设	传统行业大陆台资数字化技术转型升级;台资企业布局大陆以外的备选创新轨迹
产业链	缺少明确的产业科技目标	传统产业中试与示范应用	新兴产业共性技术创新研发	全球价值链断裂与重构下,台资科技企业出现"选边站"	民进党当局阻挠与美国因素作用下,两岸科技产业链存在被脱钩的不确定性
社会结构	基于历史、经验、情感的社会交往结构:开启两岸科教文化全面交流的制度化	非对称性权力配置:台湾民进党当局对大陆技术封锁;大陆沿海地区推动两岸科技往来	规则驱动:中央顶层设计;两岸制度协商(ECFA 与两岸知识产权保护合作协议)	社会机制联结:两岸官方机制中止;两岸科技界合作诉求仍强烈	岛内基层社会的反思与批判;科学家诉求受到压制;岛内科技政治化形势堪忧
空间政治	单向度、象征性结构:大陆向台湾当局释放信号	两岸自下而上的互动:两岸行业领域、区域(城市)间科技交流	全球视野共识:共同聚焦全球科技变革,科技融入全球创新网络	地缘政治影响:台湾民进党当局采取"新南向"与"选边站"策略,企图与大陆脱钩	隐蔽式"国际空间":台湾民进党当局以全球创新网络为由创设"国际空间"

　　以 1989—2016 年的大陆与台湾的经济成长率、大陆台资项目数以及两岸科技合作项目总数(赴台与来陆的总和)为指标,来看两岸科技合作的阶段特征(如图 7.1 所示)。第一个阶段是起步阶段(2000 年以前),这个时期两岸经济成长平稳,大陆吸引台资快速增加。第二阶段是发展阶段(2000—2008 年)。这个时期民进党"上台",两岸关系微妙变化,大陆经济快速成长,而台湾经济持续低迷徘徊,表现在两岸科技合作上也呈现出不稳定的波动情况。第三阶段是 2008—2016 年间的增长阶段。2008 年全球金融危机后,全球产业价值链的整合重组速度加快,挖掘新兴市场、发展新兴产业成为主要政策议题。两岸科技交流密集度在这个过程中也显示出了快速增加趋势,与产业和经济的互动性增强。图 7.1 显示:两岸科技交流项目件数与台湾

GDP 增长率两者出现了较为一致的发展趋势。两岸科技合作也开始从技术链端向产业链端融合。

图 7.1　两岸科技交流项目件数、台湾地区经济增长率与台湾
对大陆投资金额变化趋势

数据来源：笔者主持项目；台湾"经济部"投审会，
"核准对大陆分区年份总表"；"台湾统计年鉴"。

美国学者威尔斯（L.Wells,1998）曾提出过"小规模技术优势"理论。① "小规模技术优势"理论强调小规模技术对同一个利益族群的需求满足以及继承性技术的核心优势。台湾地区的科技发展正是这一理论的典型体现。台湾科技界人士曾在"马英九时期"表示：两岸科技合作应纳入 ECFA 整体框架下进行统筹考虑。这从总体上反映出当时岛内科技界希望与大陆建立常态性科技合作平台的基本态度，以持续推动台湾在特定的核心技术领域保持优势。

7.2　两岸科技合作治理结构

科技合作治理是指在科技发展过程中，出于弥补政府和市场在资源配置中失灵的动机，众多社会主体通过合作对话的方式共同参与科技创新有关议题解决的过程。

---

① Louis T. Wells, Jr. Multinationals and the Developing Countries[J]. Journal of International Business Studies, 1998(29):101–114.

科技治理更多地倾向于内生问题导向式的治理，即从具体的科学技术问题出发，提出解决方案。大陆与台湾科技交流合作历史表明：两岸科技发展路径虽有所不同，科技管理体制也存在差异，但两岸科技发展目标存在公约数。

两岸科技合作治理应从科技伦理出发，以发展科技、解决利益争议、协调共同责任为目标，通过有效地分配科技合作收益来促进双方科技的共同发展。在国家决策部门统筹下，与台湾科技界沟通协商，建立两岸科技治理委员会，组建两岸科学家共同体。针对双方共识性的科学议题，协商构建资源配置机制和监管机制，由两岸科技主体执行合作创新机制，推动双方科技事务。参见图 7.2。

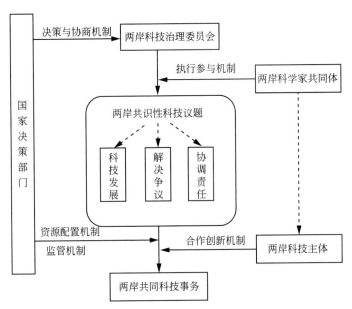

图 7.2 两岸科技合作治理的基本结构

7.2.1 从两岸科技合作的实际场景看，主体结构具有"群岛效应"

两岸科技合作主要是由科研机构、大学和社会组织推动的，其主体结构具有"群岛效应"[①]。企业以联合研发的方式来与高校和科研机构进行合作。这种方式主要是在

---

① 社会结构理论解释框架中，权力的组织和贯彻被认为是由于多种社会内部自律性的权力单位的存在；因此所派生出来的权力的功能是不同的。参见 Foucault M. A Critique of the Ruling Elite Model[J]. American Political Science Review, 52: 463-469.

大陆地方政府支持下开展的，而且合作最终的绩效也是具体化到企业内部，无法产生科技创新的"溢出效应"。自 2016 年民进党"上台"后，两岸官方交流渠道停止。之前两岸签署的科技交流协议，也在蔡英文当局的各种"台独"干扰阻挠下搁浅。台湾科技人员来大陆交流受到越来越多的限制和威胁。[①]综合来看，两岸科技合作主体的角色、责任和利益分配比较偏向于技术链上游合作。在两岸当前形势下，科技主体虽有合作之心，但无合作之力。挑战摆在眼前。因此，应以中央政府为主导性决策主体，优先启动两岸民间协商，制定两岸科学家共同体计划。以我为主，通过政治协商和政策机制设置两岸科技治理委员会，制定科技专项，建立稳定的合作平台，邀请两岸著名科学家组成科学家共同体。科技治理委员会应包括决策层、执行层、管理层和技术层，合作协商两岸科技合作的各类问题，对合作目标、科技利益、人力资本、方案选择、项目实施效果等进行全方位治理。

7.2.2　讨论确定两岸共识性的公共科技问题，细化科研事务

在科技合作过程中，应细化公共科技问题，寻求两岸科技界最大共识，明确利益相关主体的责任、权力和利益边界。公共科技问题的确立应以明确两岸科技样态分布、两岸科技创新能力比较、两岸科技体制为基本出发点。针对个别重大事件和因素，应进行动态的风险预判并制定应急处置方案。

两岸共识性的科技问题包括科技发展、解决争议和协调责任三部分。科技发展是两岸最大的科技共识。"科学技术是第一生产力"，大陆和台湾都曾在经济发展中将科技作为塑造经济奇迹的重要内生因素。当今，我们置身于科技全球化和贸易逆全球化双重趋势叠加之下，科技发展面临着更多外部挑战。单从科技创新范式上看，就已经不再是"线性创新"逻辑主导，基于互联网、大数据平台和开放式模式下的动态交互式创新，成为科技发展中必须面对的一种新变化。因此，两岸科技具体目标应从自身和彼此客观情况出发，改变以科技论文、专利和新产品为导向的硬标杆体系，融入生态保护、人文体验、网络安全、信息共享、信用体系等因素，制定两岸共识性的科技目标。

解决争议是合作治理最主要的机制之一。在科技合作活动中，目标差异、偏好

---

① 2019 年 12 月 31 日，蔡英文当局强行推动所谓"反渗透法"，用"抗中保台"的激进"台独"路线作为 2020 大选政治操作手段，这种做法严重伤害了两岸民众感情以及台湾自身的切实利益。

差异、行动方式差异总是客观存在的。对争议问题的处理方式和手段体现了科技主体的治理能力。一个设计精良的争议解决机制，应更好地形成集体行动，促进合作成员间充分地进行信息沟通，达成共识。两岸科技合作交流中的争议最可能出现在处理知识产权问题上。台商近 30 年来选择大陆投资的基本立足点是大陆低成本优势，因此天然地形成了台资自身小圈子的"在地化"。同时，在台资与大陆企业建立协同合作关系的过程中，台资并未将大陆企业视为产业链上的共同体，而只是将大陆企业作为上下游配套加工的节点。台资与陆资缺乏行动的一致性，缺少对大陆产业政策的理解和自身转型升级动力。因此，在 2007 年大陆宏观政策调整、2008 年国际金融危机爆发以及 2010 年大陆新兴产业规划出台后，大陆台资转型升级压力开始日渐增加。在这种情形下，建立专家委员会领导下的科技争议解决机制，协调处理相关争议问题，有助于形成"向上"垂直型政策信息通道，从而高效便利化地对问题加以处理。

协调责任与权力分配密不可分。在两岸科技治理委员会架构下，首先应建立权力分配结构，明确两岸的官方机构、科研机构、专家学者应各自在哪个功能单元中。"三个和尚没水吃"背后的责任分散效应①映射出这样一个机制设计结果：当缺乏有效的责任权属和边界时，"吃瓜群众"会增加，"搭便车"、寻租现象会增加，"公地悲剧"效应也会增加。可以说，在未来良性互动的两岸科技合作过程中，协调责任意味着能够在机制上避免上述问题或者找到解决上述问题的方案。科技活动是一个综合上游基础研究、中游产品研发和创新企业孵化、下游大规模产业化的过程。在协调责任上，应依照公共价值理性，遵循科技创新的基本规律，尊重两岸科技体制自身特点，扎根两岸科技合作具体事务，确立两岸科技主体责任边界。

7.3 两岸科技合作治理机制设计

任何一个治理机制都要解决两个最基本的问题：一是有效配置资源，保证组织成员间的利益实现；二是制定激励约束机制来协调彼此间的关系。具体到两岸科技合作

---

① 社会心理学家拉塔尼和达利 (1970) 发现当有其他的旁观者在场时，会显著降低人们介入紧急情况的可能性，这也被称为"旁观者效应"。

治理上，需解决两个核心问题：一是在两岸科技合作领域提高资源的配置效率，同时确保实现双方科技利益；二是通过两岸组织间有效的协商来设计合作的激励约束机制，化解矛盾和问题，保证双方的畅通互动。

7.3.1　科技合作治理的逻辑

科技合作治理应体现三个核心逻辑。一是科技创新价值分享，强调利益相关者共同拥有对科技收益的剩余索取权。这不等于平均分摊，而是根据两岸科技资本对产业收益的贡献，科技收益由人力资源所有者、物质资源所有者和技术所有者三者按比例分享。二是权利动态调整。科技合作中的权利安排应根据利益相关者贡献的大小，来进行动态调整。两岸科技合作随外部环境变化会产生诸多不确定性，这些因素将导致不同利益相关者在特定阶段、特定区域的角色和功能发生变化。两岸科技合作从最初以技术链上游的基础研究开始，到大陆台资大规模以资本与劳动密集型的科技制造业为主，包括"马英九时期"启动的"陆资入岛"项目，两岸企业与民间机构的作用发生着变化。因此，就目前两岸科技合作治理的现实需求来看，必须要动态地看两岸科技合作中的不同参与主体的角色和作用。三是公共参与。新经济社会学认为，从宏观方面看，经济组织都是"嵌入"在社会网络之中的，经济制度本质上是"社会建构"的；从微观方面看，现实的人都是带有历史和社会属性的"经济人"。两岸科技合作治理需要嵌入式的社会建构。这种合作中每个参与者的行为，不能单纯地设定为个体的经济理性或科学理性行为。任何组织决策和个体决策，在当今复杂的社会环境中都越来越成为与外在制度相互选择、适应和匹配的行为集合。因此，两岸科技合作治理不能仅从市场机制出发，各种社会因素都会在这些利益相关者行为中发挥作用，都将对科技合作的预期产生潜在效应。

7.3.2　两岸科技合作治理的核心机制

两岸科技合作治理机制有三个重点方面，分别是两岸科技资源共享机制、两岸科技会商与监督机制，以及两岸科技听证与授权机制。

首先是科技资源共享机制。资源配置方式决定资源配置效率和效果。促进两岸科技合作发展，首先要对科技资源自由流动共享秉持开放态度。建立两岸科技资源共享机制分三个层次：一是建立基础研究科技资源分配机制，采取拨款和科技项目两个途径来推动基础研究的深入合作；二是在科技合作中游的成果产出阶段，建立科技成果转移转化平台，根据双方协商一致原则，确定成果形式、收益比例和结构；三是在科技合作下游成果应用阶段，为科技成果在两岸的对接推广建立公共型应用平台。

其次是科技合作会商与监督机制。两岸科技合作的决策部门和参与主体应建立科技会商机制，针对重要科技问题开展协商讨论。科技合作治理委员会是科技会商机制的执行主体，同时可以采取必要的监督以敦促合作进行。两岸在几个主要的高科技领域具有合作共识，如新能源、新材料、生物科技、云计算、电动汽车等。这些高技术领域均触及双方核心利益，在这些领域开展合作，应制订会商和监督机制，以及具体操作办法。

再次是科技听证与授权机制。在两岸科技合作主体的目标、行为和利益诉求存在差异时，应建立"自下而上"和"水平"信息传输渠道，来协调彼此行动，从而实现合作效果。这种渠道的建立依赖于科技听证机制。行政程序中的听证制度包括告知和通知、公开听证、委托代理等形式。两岸科技合作听证机制，可采取代表型听证方式，选择科技组织、科学家、产业界、普通公众等部门或团体代表进行听证，通过有效协商，对科技合作中出现的争议问题广泛听取民意，进而使公共科技政策议题进入公共政策过程，最终形成政策方案，再通过顶层设计原则来贯彻执行。科技合作授权机制可以解决"三个和尚没水吃"的问题。如果在科技合作中出现责任缺失的问题，可通过适度授权方式，委派最直接利益相关主体制订和执行相关规定。

综上，两岸科技合作治理机制或许可以借鉴实验主义治理模式的一些要点，为两岸所用。实验主义治理是近年来在西方学术界蓬勃兴起的一个学术领域，为解决"治理失灵"提供了研究参考路径，自 2010 年正式提出以来，很快被欧美国家所接纳。[①] 如欧盟在"水框架指令"（WFD）及其"共同实施战略"（CIS）中得到应用；美国在国内教育和儿童福利，以及核能、食品加工和环境污染等公共卫生和安全风险的规制中，也开始采取这种治理机制。

实验主义治理起源于杜威的功能主义，与多元多层治理模式和网络治理模式密

---

① Charles Sabel, Jonathan Zeitlin. Learning from Difference: The New Architecture of Experimentalist in the EU[M]. in Charles Sabel and Jonathan Zeitlin,eds.,Experi- mentalist Governance in the European Union: Towards a New Architecture,Oxford: Oxford University Press,2010:34.

切相关，它也是多元主义治理体系中的重要组成部分。[①] 实验主义治理是为应对外界环境不确定性，是基于框架性规则制定以及建立在不同环境背景下执行结果递归评估基础上的不断修正。它重视开放性地定义利益相关群体、机构、地区的利益边界，采取的方式是"直接协商"，即基于行动者的具体经验。同时，参与者必须彼此学习、相互监管，并且相互设立目标。实验主义治理的第二个特征是"动态问责"。它预示着治理规则既要从当下环境挑战出发，又要看待国家长远利益，并且要针对自身委托——代理型治理长期存在的正当性赤字（legitimacy deficits），提供可能的有效应对方案。实验主义治理理论的核心观点包括协商性、动态问责、多样化学习机制等。我们可以从实验主义治理方式中汲取有益经验，针对不同的形势和条件来创设两岸科技合作治理的"合意性"机制。

---

① Robert O. Keohane, Stephen Macedo, Andrew Moravcsik.Constitutional Democracy and World Politics: A Response to Gartzke and Naoi [J].International Organization, 2011(3) :601.

第8章

两岸科技治理前瞻性思考

8.1 寻求"一国两制"方案下的两岸科技融合发展

2019年1月2日，习近平总书记在《告台湾同胞书》发表40周年纪念会上发表题为《为实现民族伟大复兴 推进祖国和平统一而共同奋斗》（以下简称《讲话》）的重要讲话，提出了五项重大政策主张，明确了未来工作的重点和方向。《讲话》从台湾问题产生的根源与现实演变深刻阐明了台湾问题的解决是历史赋予我们的伟大责任。推进祖国和平统一的政策主张凸显了制度建设在两岸和平发展和最终统一中的重大意义。这在当前形势下对推动两岸融合发展，增进两岸同胞福祉，促进两岸经济深耕交流及两岸同胞密切往来，尤其是对和平统一后的两岸发展都具有重大的战略指导价值。

8.1.1 国家治理能力是两岸和平统一的核心要件

《讲话》指出："民族复兴、国家统一是大势所趋、大义所在、民心所向。……台湾问题因民族弱乱而产生，必将随着民族复兴而终结！"《告台湾同胞书》发表40年来，我们已经具备这样的底气和自信来解决历史遗留给我们的创伤。70年来中国的发展道路充分证明了制度建设对国家能力发展的重要性。中国五千年文明更蕴藏着丰富的治国理政之道。当中国的综合国力和国际影响力日益彰显时，我们制度建设的经验就开始在全球迅速被了解和学习。可以说，当国家能力得到发展后，才有国家自信、民族自信和制度自信，推动祖国和平统一、完成民族复兴的伟大事业才有了根基。

国家治理能力是国家发展和政治发展的重要保障。国家治理能力产生国家自信；国家自信创造社会个体自信，个体自信感强，个体的归属感也就越发强烈。国家能力越强，我们抵御外来干涉的能力就越强，我们就越有能力主张自己的权利。在两岸关系的问题上，我们必须认识到美国是无法绕开的一环。1986 年邓小平答美国记者问时说过，台湾问题，美国采取"不介入"的态度，这个话不真实，因为美国历来是介入的。美国一直在两岸关系中扮演着所谓"调停人"角色，但这是美国基于自身利益考虑的，始终是为美国利益服务的。美国时不时会掀起波澜，把"台湾问题"作为遏制中国发展的一张底牌。美国的《与台湾关系法》和 2019 年《台湾旅行法》无疑都是在绕过一个中国原则与我国台湾地区进行实质交流。《告台湾同胞书》发表 40 年，中美建交也是 40 年。对待中美关系当中的"台湾问题"以及"两岸关系"中的美国因素，都需要站在历史观和发展观的角度重新认真思考。

美国学者福山在《政治秩序与政治衰败》一书中指出，"国家能力"才是防治政治衰败的核心要素，而不是简单意义上的"民主化"。其样本包含了丹麦、新加坡、美国、中国、印度、尼日利亚等。台湾学者陈毓钧在《两岸危机的根源及其解除之道》中，以台湾人的视角明确提出了"建立两岸和平发展的伙伴关系是对台湾人民的最佳选择与最大利益所在"。在《台湾人是什么》一文中，他指出：台湾人就是中国人，这是"历史命题、文化命题、人种命题，是社会科学客观认知的命题，而不是政治意识形态的命题"。我们可以从这样的论述中看出一个客观的、理性的老一代台湾人对"自己是中国人"这种归属感的认知。

《告台湾同胞书》发表的这 40 年，是两岸人民彼此交流和互动发展的 40 年。当我们的国家能力越强，台湾同胞的这种归属感就会日益强烈。台湾人民在大陆发展的获得感越强烈，两岸融合就会更加深化。

8.1.2 两岸科技合作治理应体现融合发展

当今，全球价值链的空间分布和创新地理版图正在迅速改变。台湾曾有的关键核心产业竞争力也在一点点消逝。如在移动设备上，深圳产业链的完备性已经远超台湾；三星、华为这样的跨国大企业的上下游整合能力使台湾传统的代工厂商优势不再。此外，高通、苹果以及其他芯片制造企业也开始打价格战和专利战，同台湾企业抢夺市场份额。从台湾科技行业内部来看，台积电的晶圆代工、联发科的 IC 设计，以及宏达电、富士康、宏碁，甚至连已经转移出台湾的华硕、技嘉和微星等主机板厂商，以及台达电的电源供应器都越来越难以适应市场。当年的那些高科技产业，已经变成了今天的传统行业。在这个领域，依靠大规模生产、低价格抢订单的模式已经行不通。

因此，为适应全球创新形势需要，两岸经济社会融合发展应在"发展中促进两岸经济关系动能转换，增强两岸经济发展的创新驱动"[①]。两岸科技创新融合发展，意味着两岸在科技创新资源流动、科技创新目标共识、科技创新制度衔接，以及创新文化包容等方面得到推进。关于两岸融合发展的政策主张，2014 年 11 月习近平总书记在福建考察平潭综合实验区时首次提出。2016 年 11 月习近平总书记会见时任国民党主席洪秀柱时提出"促进两岸经济社会融合发展"。2016 年民进党"上台"前，两岸科技交流合作与两岸关系同步进入一个快速发展时期，合作领域日趋广泛，交流形式越发多样，合作渠道不断拓宽。两岸青年科技人才交流活动也日趋频繁。台湾大学生到大陆高新区和企业实习、台湾青年参与大陆创新创业大赛等两岸青年交流的活动更加活跃。"海峡两岸科技论坛""两岸产业技术前瞻论坛"等科技交流平台对于整合两岸优势资源、聚焦两岸热点问题、提升两岸科技合作水平也起到了重要作用。一批海峡科技园区和对台科技合作基地的建设已成为两岸科技合作与成果转化的重要载体。2008—2015 年，两岸在半导体照明、移动通信、农业食品安全等涉及民生领域的研发合作也取得了实质性进展。

8.1.3　建立两岸科技融合的制度安排

"一国两制"方案是根据台湾地区现实情况，以及维护台湾同胞利益福祉的目标提出来的，是尊重台湾人民感情和利益的现实理性选择。《讲话》特别提到了要以对话取代对抗、以合作取代争斗、以双赢取代零和。对话可以在政府间，也可以在民众间。2016 年蔡英文"上台"后的"台独"主张和做法，2020 年"连任"后再次抛出的各种"台独"论述，使得两岸官方机制掉入冰点。"寒蝉效应"开始显现。即使在这种情况下，大陆仍秉持"两岸一家亲"的态度，对台湾同胞从来都是"缓急相济"。

---

① 张冠华 . 两岸经济社会融合发展的内涵与路径探讨 [J]. 台湾研究，2017(4):1-8.

以何种方式进行两岸科技制度衔接是一个重要议题。从历史经验看，"两会"（海协会与海基会）机制是两岸以往的官方制度协商平台。自 1992 年达成"九二共识"以来，两岸从实现"三通"到 ECFA 执行，均是在"两会"机制下得以推动的。

对此，应明确两岸科技融合发展的公共价值理性和工具理性。两岸科技合作的最大共识是彼此能够融合发展。两岸科技合作是两岸共同事务，其决定权是两岸全体中国人民。工具理性要求两岸采取最有效率和效能的合作方式，突破传统思维惯性。更重要的是，要将合作视角投射到历史制度主义。台湾人的群体记忆是中华民族的。虽然台湾在民进党"执政"时期歪曲历史，篡改课纲，"培养"了一批所谓的"天然独"。但是，这并不表示台湾民众忘却了历史。只要大陆掌控着手中这根"风筝线"，他们的群体记忆可以被唤醒。而大陆始终秉持"缓急相济"的态度，推动两岸经济关系正常化和科技交流合作。一直以来，两岸科技合作都是由大陆的很多地区来具体推动执行的。针对发展较早、基础较好的地区，可以考虑设立两岸科技融合发展的"示范区"，并给予倾斜性政策办法，推动两岸各方开展探索性的制度创新实验，为两岸科技未来合作治理提供可复制的经验措施。

8.2 "一国两制"台湾方案中两岸科技治理的基本主张

20 世纪 20 年代，庇古（Pigou）出版了《福利经济学》一书，标志着"福利"作为一个关键词开始进入国家宏观经济体系。庇古认为检验福利的标准是在社会上穷人的收入不减少的情况下，社会总福利增加。福利主义由此也开始快速发展。福利主义在西方曾广泛遭受质疑，其原因之一是欧洲国家经历了从福利国家向忧虑国家①的过渡，大量的福利开支导致了政府债务危机。之后，新福利经济学兴起，开始注重经济外部性分析和边际分析。当前，罗尔斯（Rawls）的"机会平等"、德沃金（Dworkin）的"资源平等"、阿马蒂亚·森（Amartya Sen）的"能力平等"已经成为福利经济模式的三种主流逻辑。

---

① 瑞典经济学家博·罗思坦曾研究指出：欧洲福利国家的诸多挑战，其中之一便是自 20 世纪 70 年代开始，西方国家的公民对社会福利政策的悲观情绪开始弥散，个人主义日益强烈，在公共事业和公共医疗需求等问题上更强调自我利益。详见博·罗思坦. 正义的制度：全民福利国家的道德和政治逻辑[M]. 靳继东，丁浩，译. 北京：中国人民大学出版社，2017.

两岸经济往来曾"以量取胜"。在政策视野中，常以两岸经济往来的投资数量金额和比例关系作为评价融合程度的主要参考指标。半个世纪以来全球经济和产业发展过程回应了这种"福特主义"生产方式，即以生产机械化、自动化和标准化形成的流水线作业及其相应的工作组织，通过大规模生产极大地提高标准化产品的劳动生产率已经成为典型工业发展道路的特征。当我们处于全球经济放缓和经济周期波动频繁之时，经济增速会逐渐放缓。尤其是 2008 年全球金融危机后，全球经济始终处在一种低迷徘徊阶段，对全球治理结构的改革呼声不断高涨。从 GDP 的单纯总量性增长开始转向结构性视角下的改革创新，这已经成为全世界普遍接受的一个政策选项，"新经济"发展方式逐步取代传统工业化方式。

两岸科技深度融合的进程中，我们应思考如何以高质量逻辑取代高速度逻辑，并从福特主义向福利主义转型。这其中不仅包含着经济意义上的紧密联系，还包括台湾科技体制的衔接与转型，台湾同胞的知识产权、科技活动、科技权益将得到保障。因此，从福利主义角度来讲，两岸科技融合可以包括以下思维考量点。

一是为两岸创设一个共同的科技阈值。所谓科技阈值，实际上是指两岸科技融合条件的区间值。这既包括了两岸双方共享的对等性政策便利化措施，又包括为科技合作创设的市场机制（如进入、监管和退出等）。两岸有了共同的科技阈值，双方合作才较易达成共同目标。应从公共利益突出的科技创新领域先切入，如医药产业、数字经济、健康产业等贴近民生的科技领域等，它们能够获得两岸民众的广泛共识，且社会嵌入度较高，可以充分发挥两岸民间互动的潜力。

二是建立两岸产业科技创新协同模式。台湾要素禀赋结构中，有一个关键问题是劳动力供给和能源供给缺口。这个缺口越大，对经济与产业转型的制约性就越强。因此，应推动两岸产业在价值链上共同升级，建立两岸产业科技创新协同模式。在价值链逻辑下，制造业位于附加值低端，研发和品牌在高处。价值链升级意味着从加工制造向研发和品牌环节升级。这正符合新经济模式特征，即不以传统要素，如劳动力、土地和资本的投入值为前提，而是以消费端、在线经济和专利创新为特点。两岸产业关系经历了 30 多年的发展，在一些特定行业已经形成了比较固定化的模式和分工逻辑。两岸要实现价值链协同升级，而不是简单改变流程。在有条件的地区，如北京、深圳、上海、厦门、成都等台资活跃城市，优先考虑以公共投资和社会资本协同的方式，建立双方合作研发平台和商业模式联盟（如中小企业天使创业网络、数字经济共享平台等）。

三是在基础研究、知识产权和产业标准上继续深化合作。在全球标准化的今天，掌握共同标准，意味着两岸将携手站在全球产业价值链的高端共创价值。两岸在 ECFA 后协商制定了知识产权保护协议，截至 2016 年，两岸签订了 21 项标准协议。这对于保护两岸产品和技术优先权提供了基本机制平台。但是，两岸互申专利和标准的步伐却一直很慢，且存在着严重的不对等。由于台湾对大陆并未完全放开 IPR 申请，大陆企业和个人向台湾申请专利的数量远远少于台湾企业和个人向大陆申请的专利数量（前者为后者的 10 倍）。此外，由于台湾在一些关键核心产业上仍具有很强的封闭戒备心态，其产业核心专利和标准很少移转到大陆。同时，也要采取及时有效的政策手段解决双方在知识产权和标准上的纠纷和争议。

四是建立两岸科技融合体系。"融合发展"是两岸产业关系高质量发展的阶段性落脚点。从经济发展阶段看，台湾地区在 20 世纪 80 年代就已经跨越了中等收入陷阱，转型到了经济发展的较高质量阶段。如果按照全球经济体（包括国家和地区）排名看，台湾地区也在高收入之列。然而奇怪的是，这种排名似乎没有给台湾创造"乘数效应"。相反，近些年来岛内民众的幸福感急剧下滑，对政治和政策改变经济事实的期待也逐渐减弱，岛内政治绑架市场的事情时有发生。对此，除了推动大陆台商转型升级外，应继续鼓励和支持有条件的企业入岛投资，尤其要高起点、有选择地推进金融保险、高技术企业和数字经济，重点在岛内发展生物科技、观光旅游、绿色能源、医疗照护、精致农业和数字创意产业等。

五是建立两岸科技融合的福利框架。两岸科技融合发展中的"福利"既包含个体福利，又包含社会集体福利。福利经济中，当边际社会净产品等于边际私人净产品时，国民收入就达到了最大化。从这一点来讲，两岸科技融合中的福利应当包括国家利益、社会利益和公民个体利益，参见表 8.1。

表 8.1   "两制"方案下两岸科技融合的福利框架

福利主题	科技目标	科技活动	科技成果	科技安全
国家利益	综合竞争力	科技合作治理	两岸共同标准体系	挫败国际势力的干涉
社会福利	产业竞争力	科研机构合作、产业联盟、互联网经济	产业收益分享机制	维持全球价值链安全，提升互联网安全治理
个体利益	保障科技人员收益权	基础研究合作	明确科技人员成果收益分成比例	台湾科技人员与大陆交流的正常化

8.3   提升两岸科技治理能力的对策建议

党的十九大报告指出："坚持一个中国原则，坚持'九二共识'，推动两岸关系和平发展，深化两岸经济合作和文化往来……"两岸科技合作本来可以在已有的道路上继续深化。但是，2016 年民进党"上台"后开始了一系列的"台独"主张和政治操作，为两岸关系和平发展蒙上了厚厚的迷雾，两岸官方机制中断，科技交流氛围受到较大影响。历史总是螺旋式前进的。球一旦开始滚动，就无法停下来。事件终究会以其真实而规律的样貌呈现于历史坐标上。在两岸关系往来的几十年中，中国大陆一直都承认台湾的现实存在，因此才有了两岸关系实实在在的多年基础。如果当前民进党继续将"台独"作为左右两岸关系的一个工具，恐怕也只有"玩火自焚"的结局。台湾当局只有回到"九二共识"的轨道上来，才可以切实为 2 300 万台湾同胞创造真正的福祉。这种福祉不是单以台湾地区某个政党团体的论述或承诺为衡量标准，而是以面对两岸的现实和未来所采取的一系列有效措施为依据。

8.3.1   加强顶层设计，寻求两岸科技体制的最大共识空间

两岸科技合作治理牵涉众多利益相关者，需要两岸官方共同贡献智慧和力量。自上而下的顶层设计方案具有最高的政策执行力，能够被两岸各方真正贯彻实施。同时，只有顶层设计的政策方案才能够体现最宏观和最大化的公共价值，而不是仅局限于某一方或者某一范围的利益诉求，否则很有可能产生俘获型治理失灵问题。这不仅不符合两岸科技的共同利益和各自利益，而且会制约两岸多方利益相关者的行为协同。

大陆有较为完备的科技体系，科技资源存量丰富，在一些基础研究和战略高技术研究领域已逐步居于国际领先地位。大陆的科技管理以自上而下的顶层设计、以企业为技术创新主体、市场机制逐步完善，以及跨组织间的开放式协同创新为主要特点。台湾科技管理体制中的应用导向、科技资讯、科技产业投融资则具有一定的优势。但是，台湾对大陆的技术合作的态度始终封闭保守，限制了台湾地区对外部的科技合作，降低了新兴科技对高科技产业的贡献度，也丧失了很多与大陆合作的宝贵机会。

针对上述情况，两岸应尽快建立开放式创新合作模式，寻求科技体制的最大共识空间。打通科技合作中的寻租型壁垒，为两岸科技合作资金的高效使用、科技项

目的快速落地、科技人员互访交流以及科技成果的评价创造便利化的制度环境和条件。在两岸选取基础较好的地方采取"先行先试"的做法，落地科技合作"特区"。同时，选择特定科技领域，实施倾斜型科技合作激励措施，鼓励两岸高科技产业的深度合作。

8.3.2　建立两岸科技合作的民间互动与社会动员机制

大陆台资企业转型升级和技术创新的需求很迫切，岛内青年人到大陆来创业的热情比较高，台湾具有竞争优势的产业技术也亟须大陆市场进行转化。对此，应积极推动民间科技组织、高校和科研院所深度参与两岸科技合作和交流，为两岸民间科技交流开启有效空间，为深化两岸科技合作、密切两岸交流往来夯实基础、积蓄力量。在中央和地方财政科研资金的支持之外，建议进一步激发社会各类主体（企业和个人）为两岸科技交流提供资金支持，如采用科技金融和 PPP 模式来设立产业科技项目，推动两岸科技成果的快速孵化和转化。

继续深化台湾专业科技人员来陆扎根发展的政策。《关于促进两岸经济文化交流合作的若干措施》（简称"31 条"）逐步为台湾同胞在大陆学习、创业、就业、生活提供与大陆同胞同等的待遇。2019 年 11 月，《关于进一步促进两岸经济文化交流合作的若干措施》（简称"26 条"）颁布。

从"31 条"到"26 条"，两份政策都包含了对两岸科技交流合作的若干细化措施。其中，鼓励企业和高校、科研机构参与国家重点研发计划项目，台湾同胞可申请"千人计划""万人计划"和各类基金项目，加入专业性社团组织、行业协会的这些措施都与两岸科技密切相关。在上述措施的基础上，两岸科技交流应聚焦在三个群体：一是专业科技人才；二是台湾籍高校教师；三是刚毕业的台湾青年科技人才。对这部分科技人员来大陆发展，可以建立专门的扶持发展渠道。两岸科技界应建立两岸公众共同参与式的治理模式。对此，大陆可主动吸收岛内更多的民意代表和中小科技型企业意见，在两岸科技合作发展中发挥独特的作用，建立起两岸科技合作的社会动员机制。

8.3.3　推动两岸产业技术标准合作

在宏观政策上，围绕两岸共识性产业领域，如 TD-LTE/5G、云计算、锂离子电池、平板显示、汽车电子等信息产业发展重点领域，鼓励两岸科研院所和高校对前沿关键技术提前开展标准化研发工作。加强标准研制与技术创新、知识产权处置、产业化和应用推广的统筹协调；从单点、单个共通标准制定向系统化、体系化共通标准建设转化，进一步扩大共通标准在两岸产业界的影响力和认可度。

一是要继续实质性地推动新兴产业联盟建设，促进新兴产业创新集群发展，形成一个提升两岸新兴产业竞争力的优质平台。目前，两岸已在两岸经济合作委员会的指导下，设立了包括 LED 照明、无线城市、TFT-LCD、冷链物流、电动汽车 5 个领域在内的先期试点产业合作工作小组，来帮助两岸建立机制化的产业合作。两岸民间的海峡两岸信息产业和技术标准论坛截至 2019 年已经召开了 16 届，发布了 LED 照明、平板显示与太阳能光伏三项共同标准。同时，两岸协商建立具有公信力的质量检测机制，制定两岸共同承认的专利策略，共建专利预警机制，探索专利交互授权与优先共享机制；以国际市场为目标，分工开发高效率技术和产品，共同提升两岸技术在全球价值链上的位置。

二是应建立科技部门与知识产权局和国家标准委员会的协同机制，共同推动两岸企业专利和标准的合作。从目前看，两岸企业互申专利是一种主要途径。从合作创新过程看，鼓励台资企业与大陆企业开展技术研发合作，积极参与 PCT（专利合作条约），对推动两岸专利实质性合作具有重要作用。2018 年 2 月，国台办会同发改委共同发布了《关于促进两岸经济文化交流合作的若干措施》后，各地区结合本地区发展实际，也相继出台了惠台措施。其中就包括了推动知识产权和标准化工作的政策安排。2018 年 6 月上海市发布《关于促进沪台经济文化交流合作的实施办法》，支持台资企业和台湾同胞依法保护其专利、商标等知识产权。台资企业在上海市申请、授权专利等费用资助和申报上海市专利工作试点示范单位等方面，享受与上海市企业同等待遇。支持台资研发中心申请 PCT 国际专利和国内发明专利，对通过 PCT 途径获得授权的发明专利，每项给予最高不超过 25 万元人民币的资助；对获得授权的高质量国内专利，每项给予最高不超过 1.5 万元人民币的资助。2016 年"5·20"后，两岸签署正式标准的工作暂时搁置。但是，两岸企业在全球科技创新日益变革的今天，对标准的共同诉求愈发强烈。尤其是在中美贸易摩擦不断持续的情况下，两岸企业同样都面对着严峻的国际产业环境。只有形成自主的产业标准体系，才能占据产业发展的主动权。两岸标准化的相关研究机构仍保持常态型的两岸标准合作机制，鼓励台资企业，尤其是对一些核心关键技术领域开展创新和转型升级的大型台资企业，将其纳入产业标准化工作体系中来。

8.3.4 持续推动两岸青年创业合作与项目对接

2016 年是台湾青年到大陆就业创业的心态转变的重要一年。台湾《联合报》2017 年 1 月调查显示，2014 年由于受"太阳花学运"影响，赴大陆就业虽然较受 30 岁以下青年人青睐，但年轻族群有意赴大陆就业的比例从 2013 年的 48% 降至 2014 年 40%，恢复到 2012 年的水平。台湾 TVBS 电视台在 2016 年 3 月所进行的"台湾青年西进大陆就业民调"显示：台湾 20~49 岁的青壮年超过半数认为在大陆就业的薪水与发展比在台湾好，20~29 岁比例高达 56%。大陆对台湾青年来陆创业发展提供了越来越多的便利措施。各地区的青创园数量也迅速增加。很多地区都在各自的高新区里开辟出了台湾青年创业园区（基地），为其提供发展的土壤。已有的调研数据显示：虽然台湾青年创业热情比较高，但是由于两岸青年创业心态、创业习惯、价值观都存在差异，加之青年创业与科技园企业孵化的逻辑也是不同的，因此很多地区仍存在着"一哄而上""缺乏特色""精准性差"等问题。

对台湾青年创业的政策扶持，应跨过"政策信号"传递的阶段，进入"精准施策"阶段。具体来讲，一是应落实地区创业项目，在资金、技术研发、产品制造、市场转化等阶段提供专项支持，而不是仅给他们一片发展土地或者优惠条件，避免"政策不着地"。二是强化台湾岛内的青年创业园与大陆的台湾青创园的交流对接。在我们开展的两岸科技交流年度问卷调查中，发现以青创园为载体开展的科技交流数量仍很少。而且在对地区与台湾开展科技交流的对策部分，对"完善本地区促进两岸青年人创业创新的专门优惠政策和平台"这一项重要度的打分值，从 2014 年的 92% 下降到了 2016 年的 88%。这一情况足以说明问题所在。三是要做好特色青年创业园区。台湾青年人的"小确幸"心态，在推动台湾青年创业项目中应受到重视。因此，应让他们发挥所长，在小型的创意项目上着手，尤其是在教育、人文和社会领域的技术应用为主；同时，鼓励他们与大陆的互联网平台经济整合，推动实现线上创业发展。

8.3.5 拓宽两岸基础研究合作的领域与资助方式，推动成果产出

从目前两岸基础研究领域看，物理学、数学等基础学科一直占据主导地位。两岸机构目前对一些基础学科也开始联合设立基础研究基金，持续推动研发合作。但

总体上看，这些基础学科与经济社会发展的相关性并不直接。未来可以考虑调动企业参加民生科技类的基础研究项目的积极性，通过建立 PPP 等机制，建立两岸大学、企业和科研机构在基础研究上的多元合作方式。同时，基础研究的产出标准通常是以论文和专利体现的。从我们的年度调研看，目前正在进行的项目多，但形成重要成果的项目少。这其中既有已有体制上的束缚，又有缺乏成果转化的激励措施的原因。因此，大陆应推动两岸合作型基础研究的成果产出，设立相应的合作奖励机制，采取切实具体办法鼓励两岸学者多发合作文章，鼓励他们联合申报重要成果。

8.3.6 对接两岸科技成果转化机制，加强两岸科研院所合作治理

两岸科技成果转化机制的差异在于：台湾偏重工程技术应用与产业化，跟踪全球市场脉络和前沿的意味更浓；大陆则更偏好于战略性高技术的基础研究。这造成了台湾缺少从事基础研究的科技人力和资金，而大陆缺少成果进入产业化的多元渠道和能力。由于缺少制度化的合作保障机制，两岸的利益相关者因此缺少参与的动能和必要的引导。对此，两岸科技合作要从优势互补的思路出发，整合科技研发价值链的上游基础研究、中游的工程试验和下游的产业化三个阶段。

两岸科研院所合作对促进两岸科技合作、提升两岸创新能力意义重大。两岸科技合作可参照 ECFA 的制度框架，选择"优先预选型"的技术项目，建立试验性的机制平台，在技术价值链的中游环节建立合作平台。针对两岸科研院所治理方式的不同，可在一定的区域内支持建立体制创新型的联合科研组织（例如仿照台湾工研院的模式），建立两岸科学家共同体，推动两岸科技合作和技术转移。在成果共享和利益分配上，打破人员在科研院所企业间流动的制度性限制，鼓励人员在科研院所与企业间能够无障碍流动，在成果共享和利益分散上能够推动技术股权式合作模式。

8.3.7 借由"一带一路"和粤港澳大湾区，创新两岸科技合作的区域治理方案

"一带一路"倡议实施以来，全球资源与中国资源的关联度愈来愈紧密。台湾企业虽有意愿参加，但由于缺乏合作渠道和资金，很多无法真正融入"一带一路"发展。在国家推动"一带一路"建设的过程中，可将大陆台商擅长投资、经营与管理的一些产业科技项目纳入考量范围，通过 PPP、产业基金等方式，推动大陆台商、科研

人员参加地区间科技项目，共建实验室和科技成果转化。粤港澳湾区是国家继"一带一路"、京津冀协同、长江经济带后的又一重要跨区域发展战略。当前，粤港澳三地协同发展的愿望日益强烈，发展日见效果。科技创新又是粤港澳湾区发展的重要组成部分。其中，智慧城市、深度旅游、休闲农业、文化创意、垃圾分类、养老产业都是重要的跨地区合作领域。而台商在半导体、信息科技、生物技术等产业科技方面一直具有较强的研发和市场运营实力。尤其是广东，又是大陆台商的重要投资聚集地。因此，在粤港澳湾区建立科技创新走廊的过程中，针对特定产业，应将台湾企业、科研机构、高校的科技资源纳入湾区创新合作的框架，搭建粤港澳台四地各组织间的科技交流合作机制与渠道。

结　语

从经济发展阶段看，我国台湾地区在20世纪80年代就已经跨越了中等收入陷阱，进入经济发展的较高质量阶段。然而也正是同时期，台湾地区打开了政治缺口，岛内政治生态从此转型，台湾社会的整体性矛盾日渐突出。2016年民进党"上台"以来，其主要精力都放在了"台独"政治操作上，对岛内经济并未制定和实施有效措施，岛内民众对政治和政策的不满和失望日益增加。同时，民进党通过所谓"反渗透法"等在内的一系列做法，制造岛内高压氛围。岛内民众的外在顺从和内在自由产生的紧张感，越来越成为一种社会压抑，也造成一种巨大的机会成本。这已经与高发展阶段经济体的发展实际相去甚远。当代西方社会冲突学家拉尔夫（Ralf）认为，如果从社会均衡和社会压制两个角度去研究社会冲突问题的话，现代的社会冲突是一种应得权利和供给、政治和经济、公民权利和经济增长的对抗。[①] 将这种观点投射到台湾社会里，不难发现，"生存空间压抑—权利空间扭曲—行动空间受限"这种逻辑使得台湾社会掉入了"民主陷阱"。本书提供的经验事实和实证研究结果显示：台湾的制度转型并没有与它自己的经济转型形成正向耦合效应。台湾的"制度"已经不是之前"四小龙"阶段经济增长的内生变量，相反它成为台湾经济增长的阻滞因素。然而即便如此，中国大陆始终秉持着"两岸一家亲"的政策主张，对台湾同胞、大陆台商和两岸经贸往来及文化交流提供着尽可能的便利化条件，在两岸关系中发挥着主导和主动性作用，为台湾近年来的经济发展创设了最大化的有利条件。

两岸科技合作是两岸关系中具有时代印记的部分。国家的希望、民族的未来都在青年人身上，青年人是科技创新的生力军。云计算、大数据和虚拟现实等这些新

---

① 拉尔夫·达仁道夫.现代社会冲突 [M].林荣远，译.北京：中国社会科学出版社，2000.

兴科技已经成为两岸青年人最具首创精神的领域。在今天互联网经济快速发展的窗口期，两岸科技合作应创新模式，在"互联网＋两岸科技"上强化制度设计，创新两岸合作治理模式，拓宽两岸青年交流渠道，让两岸科技合作成为有"温度"和执行力的双方共同行动。

"履不必同，期于适足；治不必同，期于利民。"判断一种制度的优劣，关键是看它能不能调动和汇集最广泛的智慧和力量。站在历史坐标上，台湾当局面对政治现实、经济现实以及社会现实，都要回到真正有利于台湾人民福祉和台湾社会整体进步的公共利益轨道上。台湾出路是中国内政，也是全体中国人民共同决定的。统一是历史大势，是正道。两岸科技合作与创新治理，必定能够在推动祖国和平统一进程中发挥巨大而深远的作用。

参考文献

[1] 博·罗思坦.正义的制度：全民福利国家的道德和政治逻辑 [M].靳继东，丁浩，译.北京：中国人民大学出版社，2017.

[2] 曹堂哲.政府跨域治理的缘起、系统属性和协同评价 [J].经济社会体制比较，2013(5):117-127.

[3] 陈国强，陈丽珍.台商在江苏直接投资的发展研究 [J].特区经济，2010(12):57-58.

[4] 陈介玄.台湾产业的社会学研究——转型中的中小企业 [M].台北：联经出版事业公司，1998.

[5] 陈毛林，黄永春.制度质量与企业技术创新追赶绩效：基于工业企业数据的实证分析 [J].科技管理研究,2016(20):11-21.

[6] 陈喜乐，朱本用.近十年国外科技治理研究述评 [J].科技进步与对策，2016(10):148-153.

[7] 陈艳华，韦素琼，陈松林.大陆台资跨界生产网络的空间组织模式及其复杂性研究——基于大陆台商千大企业数据 [J].地理科学，2017(10):1517-1526.

[8] 陈重成.全球化下的两岸社会交流与互动：一个从他者转向自身的历程 [J].远景基金会季刊，2008(1):39-73.

[9] 崔晶.中国城市化进程中的邻避抗争：公民在区域治理中的集体行动与社会学习 [J].经济社会体制比较，2013(3):167-178.

[10] 陈瑞莲.欧盟国家的区域协调发展：经验与启示 [J].政治学研究，2006(3):118-128.

[11] 程光.台湾政治生态的新变化及对两岸关系的影响 [J].现代台湾研究，2016(4):6-10.

[12] 戴淑庚，戴平生 . 大陆台商投资地区的空间关联性与影响因素分析 [J]. 台湾研究集刊，2008(4):48-55.

[13] 戴淑庚，曾维翰 . 祖国大陆台资集中区与台湾地区经贸合作的绩效比较——基于 DEA-Tobit 方法的实证研究 [J]. 国际贸易问题，2011(3):167-176.

[14] 董利红，严太华，邹庆 . 制度质量、技术创新的挤出效应与资源诅咒：基于我国省际面板数据的实证分析 [J]. 科研管理，2015(2):88-95.

[15] 段小梅 . 试论中国共产党台商政策的缘起与酝酿 [J]. 党史研究与教学，2006(6):40-47.

[16] 段小梅，孙娟，冯晔 . 台商投资大陆的产业网络分析与启示——以台湾制鞋业投资东莞为例 [J]. 西部论坛，2016(6):65-73.

[17] 段小梅，张宗益 . 替代抑或互补：台商投资与两岸贸易的动态效应分析 [J]. 世界经济研究，2011(2):80-86.

[18] 高雪桃，杨涵 . 科技创新治理下科技服务业发展研究 [J]. 科技创业月刊，2019(5):47-49.

[19] 广东省社会科学院 . 粤港澳大湾区蓝皮书：粤港澳大湾区建设报告 (2018)[M]. 北京：社会科学文献出版社，2018.

[20] 国家发展和改革委员会 . 中国共享经济发展报告 [M]. 北京：人民出版社，2017 年 2 月 .

[21] 郭延军 . 美国与东亚安全的区域治理——基于公共物品外部性理论的分析 [J]. 世界经济与政治，2010(7):36-50.

[22] 何为东，钟书华 . 府际网络科技治理——省部科技会商制度的演进 [J]. 科研管理，2011(10):127-134.

[23] 胡贵仁 . 区域协调发展视角下的跨域治理——理论架构、现实困境与经验性分析 [J]. 安徽行政学院学报，2018 (3):83-89.

[24] 胡本良 . 论统 "独" 冲突对台湾地区民主政治的影响 [J]. 台湾研究，2016(4):39-45.

[25] 胡敏，李非 . 台商投资与两岸贸易关系的变化特征研究 [J]. 经济问题探索，2015(5):93-99.

[26] 胡少东 . 区域制度环境与台商投资大陆区位选择 [J]. 台湾研究集刊，2010(5):64-72.

[27] 黄国光.儒家思想与东亚现代化 [M]. 台北：巨流图书出版公司，1988.

[28] 黄小茹，饶远.从边界组织视角看新兴科技的治理机制——以合成生物学领域
为例 [J]. 自然辩证法通讯，2019(5):89-95.

[29] 侯丹丹.台商对大陆投资区位分布的时空格局演变 [J]. 台湾研究集刊，2017(3):
72-82.

[30] 姜维.台商在深圳的投资动态及其影响因素分析 [J]. 改革与战略，2007(1):100-
103.

[31] 蒋为，黄玖立.国际生产分割、要素禀赋与劳动收入份额：理论与经验研究 [J].
世界经济，2014(5): 28-29.

[32] 康信鸿、廖婉孜.影响台商赴大陆投资额与投资区位因素之实证研究 [J]. 交大
管理学报，2006(26):15-28.

[33] 拉尔夫·达仁道夫.现代社会冲突 [M]. 林荣远，译.北京：中国社会科学出版社，
2000.

[34] 李非.台商在福建投资的发展回顾与政策思路 [J]. 福建师范大学 (哲学社会科
学版)，2010(2):46-52.

[35] 李应博.ECFA 背景下两岸科技合作：新区域主义视角下的研究 [J]. 中国软科学，
2013(6):184-192.

[36] 李应博，殷存毅.当前形势下两岸科技交流与创新融合前瞻 [J]. 台湾研究，
2018(6):46-53.

[37] 刘进庆.台湾战后经济分析 [M]. 台北：人间出版社，1992.

[38] 刘孔中，王红霞.台湾地区司法改革 60 年：司法独立的实践与挑战 [J]. 东方法
学，2011(8):69-77.

[39] 黄斌.台湾地区的司法满意度调查报告 [J]. 法制咨询，2013(12):64-67.

[40] 兰肇华.我国非均衡区域协调发展战略的理论选择 [J]. 理论月刊，2005，
(11):143-145.

[41] 刘和旺，左文婷.地区制度质量、技术创新行为与企业绩效 [J]. 湖北大学学报，
2016(3):139-146.

[42] 刘远翔.美国科技体系治理结构特点及其对我国的启示 [J]. 科技进步与对策，
2012(6):96-99.

[43] 李培祥.城市与区域协调发展对策研究 [J]. 生产力研究，2008(3): 82 -85.

[44] 廖坤荣.金融重建基金制度建构与执行绩效：台湾与韩国比较 [J]. 问题与研究，
2005(2):79-114.

[45] 林欣捷.台湾高科技管制之路——从"巴统"到"瓦胜那协议" [J]. 两岸经贸，
2009(2): 41-47

[46] 吕建德.从福利国家到竞争式国家：全球化与福利国家的危机［J］.台湾社会学，
2001(2): 9.

[47] 罗小芳，卢现祥.制度质量：衡量与价值 [J]. 国外社会科学，2011(2): 43-51.

[48] 马海龙.区域治理结构体系研究 [J]. 理论月刊，2012(6):117-120.

[49] 茅家琦，等.中国国民党史（下）[M]. 南京：江苏人民出版社，2018:232.

[50] 孟祥林.京津冀协同发展背景下的城市体系建设与雾霾跨区治理 [J]. 上海城市
管理，2017(1):37-42.

[51] 聂平香.台商投资内地新形势及对策 [J]. 国际经济合作，2009(9):32-25.

[52] 聂平香.台商制造业大陆投资发展趋势及对策 [J]. 中国经贸导刊（中），
2017(29):11-15.

[53] 饶常林，黄祖海.论公共事务跨域治理中的行政协调——基于深惠和北基垃圾
治理的案例比较 [J]. 华中师范大学学报（人文社会科学版），2018(3):40-43.

[54] 申剑敏，朱春奎.跨域治理的概念谱系与研究模型 [J]. 北京行政学院学报，
2015(4):38-43.

[55] 申剑敏，陈周旺.跨域治理与地方政府协作——基于长三角区域社会信用体系
建设的实证分析 [J]. 南京社会科学，2016(4):64-71.

[56] 石正方，李嘉欣.2018 年两岸经贸关系发展回顾与展望 [J]. 现代台湾研究，
2019(1):42-49.

[57] 盛九元.参照 CEPA 模式进一步扩大长三角对台经济合作的思考 [J]. 两岸关系，
2008(12):26-28.

[58] 苏杭，郑磊，牟逸飞.要素禀赋与中国制造业产业升级——基于 WIOD 和中国
工业企业数据库的分析 [J]. 管理世界，2017(4):70-79.

[59] 孙代饶.威权政治与经济成长的关系——以威权体制时期的台湾为例 [J]. 北京
行政学院学报，2008(3):21-26.

[60] 台湾"财政部"统计处."进出口贸易统计月报" [R].1981.

[61] 台湾工业技术研究院.半导体产业年鉴 2017 [M]. 2017.

[62] 台湾光电科技工业协进会.2017绿能应用产业与技术发展年鉴 [M]. 2016 年 6 月 .

[63] 台湾"国科会"."台湾科学技术白皮书" [M].1997.

[64] 台湾"国科会"."台湾科学技术白皮书" [M]. 2014.

[65] 台湾"经济部"技术处 . 2020 关键报告 (科技篇) 上 [M]. 台北 : 财团法人资讯工业策进会产业情报研究所 (MIC). 2011.

[66] 台湾"经济部"统计处 ."2016 台湾经济统计年报" [M]. 2017 年 5 月 .

[67] 台湾经济日报社 . 台湾金融证券年鉴 2013[M]. 2012 年 11 月 .

[68] 台湾"行政院"主计总处 ."2017 年统计年鉴" [M]. 2017 年 9 月 .

[69] 台湾"行政院"主计总处 ."2018 年统计年鉴" [M] .2019 年 9 月 .

[70] 台湾"经济部"工业局 ."生技产业白皮书 2013" [M].2013.

[71] 台湾"经济部"."台湾医疗器械统计年鉴 2017" [M].2017.

[72] 陶希东 . 跨省区域治理 : 中国跨省都市圈经济整合的新思路 [J]. 地理科学 , 2005(5):529.

[73] 万立明 . 新时代优化科技治理体系的思维逻辑 [J]. 国家治理 , 2019(2):45-52.

[74] 王川兰 . 区域经济一体化中的区域行政体制与创新 [D]. 上海 : 复旦大学 , 2005.

[75] 王治 , 王育新 . 中国大陆台资企业业务整合研究 [J]. 经济问题 , 2009(4):56-58.

[76] 王友丽 , 王健 . 台商投资大陆的重心转移 : 阶段、特征及其影响因素 [J]. 东南学术 , 2010(2):61-69.

[77] 吴超 , 魏清泉 ."新区域主义"与我国的区域协调发展 [J]. 经济地理 , 2004(1):1-7.

[78] 吴茜 . 大陆台资企业协会组织结构及其功能研究——以苏州为例 [D]. 苏州 : 苏州大学 , 2014.

[79] 巫永平 . 谁创造的经济奇迹 [M]. 北京 : 生活·读书·新知三联书店 , 2017.

[80] 雄锋 , 黄汉民 . 贸易政策的制度质量分析——基于制度稳定性视角的研究评述 [J]. 中南财经政法大学学报 , 2009(5):53-59.

[81] 徐诗云 . 从解除外汇管制到开放对外投资——台湾早期经贸自由化背后的政治文化逻辑 [C]. 第六届海峡两岸经济地理学研讨会 , 2016.

[82] 徐东华 , 曾祥东 , 史仲光 , 聂秀东 . 中国装备制造业发展报告 (2018)[M]. 北京 : 社会科学文献出版社 , 2018.

[83] 薛桂波 , 赵一秀 ."责任式创新"框架下科技治理范式重构 [J]. 科技进步与对策 ,

2017(11):1-5.

[84] 严安林.当前两岸社会交往中存在问题、根源及解决之道 [J].台湾研究,
2015(6): 66-72.

[85] 严汉平,白永秀.我国区域协调发展的困境和路径 [J].经济学家,2007(5):
126-128.

[86] 闫安.台商投资大陆经济政治研究——兼及台湾同胞与祖国大陆改革开放和现
代化建设三十年 [J].中共党史研究,2011(1):53-69.

[87] 杨飞.制度质量与技术创新——基于中国 1997—2009 年制造业数据的分析 [J].
产业经济研究,2013(5):93-103.

[88] 尹红,钟书华.基于科技治理的"省部科技共建"调控 [J].广西社会科学,
2010(2):135-139.

[89] 杨丹伟.两岸社会组织:跨两岸社会的生成机制探讨 [J].台海研究,2013(1):56-
63.

[90] 杨道田.新区域主义视野下的中国区域治理:问题与反思 [J].当代财经,
2010(3):89-94.

[91] 杨毅,李向阳.区域治理:地区主义视角下的治理模式 [J].云南行政学院学报,
2004(2):50-53.

[92] 喻美辞.台商投资中国大陆对大陆就业的影响——基于大陆 7 个省市面板数据
的实证分析 [J].国际经贸探索,2008(8):62-66.

[93] 岳谱.台湾政治信任情况及影响因素——基于世界价值观调查的实证分析 [J].
台湾研究,2015(1):43-54.

[94] 尤尔根·哈贝马斯.交往行为理论(第 1 卷)[M].曹卫东,译.上海:上海人民
出版社,2018.

[95] 张冠华.两岸经济社会融合发展的内涵与路径探讨 [J].台湾研究,2017(4):1-8.

[96] 张彦博.外商直接投资的区位选择模型与集聚研究 [D].沈阳:东北大学,2008:
62.

[97] 张玉,胡昭玲.制度质量、研发创新与价值链分工地位:基于中国制造业面板
数据的经验研究 [J].经济问题探索,2016(6):21-27.

[98] 张洁.大陆居民赴台游与台湾经济增长的动态关系研究——基于 VA R 模型的
实证分析 [J].现代台湾研究,2017(4):37-44.

[99] 曾婧婧，钟书华.论科技治理工具 [J]. 科学学研究，2011(6):801-807.

[100] 郑义，秦炳涛.政治制度、资源禀赋与经济增长——来自全球 85 个主要国家的经验 [J]. 世界经济研究，2016(4):66-77.

[101] 周宝砚.区域协调发展与地方政府制度创新 [J]. 长江论坛，2006(5):61 -63.

[102] 周明伟，吴迪.台商在厦门投资的阶段与成效分析 [J]. 厦门特区党校学报，2010(3): 42-46.

[103] 周志杰.再寻两岸关系深化的动力 [J]. 中国评论，2011(6):14.

[104] 中国科学技术发展战略研究院课题组.国内外科技治理比较研究 [J]. 科学发展，2017(6):34-44.

[105] 朱兴婷，邓利娟，杨林波.1980—2016 年台湾金融改革分析：总结与借鉴 [J]. 亚太经济，2018(5):137-152.

[106] 朱正浩.台湾"创新前瞻科技"成果产业化经验及两岸合作新局探讨 [J]. 台湾研究集刊，2016(1):54.

[107] 中国电子信息产业发展研究院.2017—2018 年中国集成电路产业发展蓝皮书 [M]. 北京：人民出版社，2019.

[108] 中共中央马克思恩格斯列宁斯大林著作编译局.马克思恩格斯文集：第一卷 [M]. 北京：人民出版社，2009.

[109] 中国药品监督管理委员会.医疗器械蓝皮书：中国医疗器械行业发展报告 2018[M]. 北京：社会科学文献出版社，2019.

[110] 邹晓涓.1979—2000 年台商投资大陆的历史剖析 [J]. 天中学刊，2005(4):117-120.

[111] Adriano Maia dos Santos, Ligia Giovanella. Regional Governance: Strategies and Disputes in Health Region Management[J]. Rev Sauúde Puública, 2014(4):622-631.

[112] Alchain, A A. Uncertainty, Evolution and Economic Theory[J]. Journal of Political Economy, 1950(58):211-222.

[113] Alesina, A, Perotti, R. Economic Risk and Political Risk in Fiscal Unions[OL]. European University Institute, Florence. Available at: http://www.iue.it/Personal/Perotti/papers/risk3.pdf, 1996.

[114] Alonso J A, Garcimartín C. The determinants of institutional quality. More on the debate[J]. Journal of International Development,2013 (2): 206-226.

[115] Andersen, OJ, Pierre, J.Exploring the Strategic Region: Retionality, Cotext, and Institutional Collective Action[J].Urban Affairs Review,2010(2):218-240.

[116] Archibugi D, Michie J. La internacionalización de la tecnología: mito y realidad[J]. Información Comercial Española,1994(726):23-41.

[117] Archibugi D, Michie J. The Globalization of Technology: A New Taxonomy [J]. Cambridge Journal of Economics, 1995(19):121-140.

[118] Arie Stoffelena, Dimitri Ioannidesb, Dominique Vannestea. Obstacles to Achieving Cross-border Tourism Governance: A multi-scalar Approach Focusing on the German-Czech Borderlands[J]. Annals of Tourism Research, 2017(5): 126-138.

[119] Arnab Chakraborty, Scenario Planning for Effective Regional Governance: Promises and Limitations[J].State and Local Government Review, 2010 (42): 156.

[120] Arnold Toynbe. A study of History[M]. New York: Thames and Hudson Ltd. 1972.

[121] Asheim, B. Differentiated Knowledge and Varieties of Regional Innovation Systems[J]. Innovation, 2007(3):223-241.

[122] Benz, A, Eberlein, B.The Europeanization of Regional Policies: Patterns of Multi-level Governance[J]. Journal of European Public policy, 1999(2):329-348.

[123] Booher, DE, Innes, JE.Network Power in Collaborative Planning[J]. Journal of Planning Education and resesrch.2002(3):221-236.

[124] Brenner, N. Berlin's Transformations: Postmodern, Postfordist... or Neoliberal?[J]. International Journal of Urban and Regional Research, 2002(3):635-642.

[125] Bruno Amable, Pascal Petit. The Diversity of Social Systems of Innovation and Production During the 1990s[M]. In: Jean-Philippe Touffut (ed.), Institutions, Innovation and Growth, chapter 8, Edward Elgar Publishing, 2001.

[126] Charles Sabel, Jonathan Zeitlin. Learning from Difference: The New Architecture of Experimentalist in the EU[M]. in Charles Sabel and Jonathan Zeitlin,eds.,Experi-mentalist Governance in the European Union: Towards a New Architecture,Oxford: Oxford University Press,2010:34.

[127] Chang, S J, Park, S. Types of Firms Generating Network Externalities and MNS's Co-Location Decisions[J]. Strategic Management Journal，2005(26): 595-615.

[128] Castells, A. The Role of Intergovernmental Finance in Achieving Diversity and

Cohesion: The Case of Spain[J]. Environment and Planning C-Government and Policy, 2001(2): 189-206.

[129] Chiung-Wen Hsu, Hsueh-Chiao Chiang. The Government Strategy for the Upgrading of Industrial Technology in Taiwan[J]. Technovation, 2013(2): 123-132.

[130] Chiung-Wen Hsu. Formation of Industrial Innovation Mechanism Through the Research Institute[J]. Technovation, 2005(25): 1317-1329.

[131] Cohen R B. The New International Division of Labour, Multinational Corporations and Urban Hierarchy[M]. In: Dear. M., Scott, A.J. (ed.) Urbanization and Urban Planning In Capitalist Society. London: Methuen, 1981: 287-315.

[132] David Ashton, Francis Green, Donna James, Johnny Sung. Education and Training for development in East Asia: The Political Economy of Skill Formation in East Asia Newly Industrialized Economies[M]. Lonon: Routledge, 1999.

[133] Davidson, W H.The Location of Foreign Direct Investment Activity : Country Characteristics and Experience Effects[J]. Journal of International Business Studies, 1980(11):9-22.

[134] Dicken. P. The Multiplant Business Enterprise and Geographical Space: Some Issues in the Study of External Control and Regional Development[J]. Regional Studies, 2007(41):37-48.

[135] Doifode A, Narayanan G B. Trade Effects of US China Trade War: An Econometric Analysis [J]. Available at SSRN, 2020.

[136] Dollar D, Kraay A. Institutions, trade, and growth[J]. Monetary Econ, 2003 (1): 133-162.

[137] Feiock R C. Rational Choice and Regional Governance [J]. Journal of Urban Affairs, 2007(1):17.

[138] Eduardo Medeiros. From Smart Growth to European Spatial Planning: A new Paradigm for EU Cohesion Policy Post-2020[J]. European Planning Studies, 2017(10): 1856-1875.

[139] F L, Clark C. The Conditions Economic Progress[J]. Population, 1960(2):374.

[140] Foucault.M. A Critique of the Ruling Elite Model[J]. American Political Science Review, 52: 463-469.

[141] Freund C, Ferrantino M, Maliszewska M, et al. Impacts on global trade and income of current trade disputes [J].MTI Practice Notes, 2018, 2.

[142] Friedmann, J. The World City Hypothesis[J]. Development and Change, 1986:12-50.

[143] Friedman, M. The Methodology of Positive Economies[M]. In: Essays in Positice Economics, Chicago: University of Chicago Press, 1953.

[144] Giessen. Regional Governance in Rural Development Programs – Which Role for Forestry?[J]. Folia Forestalia Polonica, 2009(1):54-60.

[145] Gowdy, J. Higher Selection Processes in Evolutionary Economic Change[J]. Evolutionalry economics, 1992(2): 1-16.

[146] Gylfason T, Zoega G. Natural Resources and Economic Growth: the Role of Investment[J]. The World Economy, 2016(29): 1091-1115.

[147] Hall, P. The Global City[J]. International Social Science Journal, 1996(147):15-23.

[148] Hamilton, D K. Measuring the Effectiveness of Regional Governing Systems: A Comparative Study of City Regions in North America[M]. New York: Springer, 2013.

[149] Head, C. Keith, Ries, John C, & Swenson, Deborah L. Attracting foreign manufacturing: Investment promotion and agglomeration[J]. Regional Science and Urban Economics, 1999(2):197-218.

[150] Hsing -Chau Tseng, Iuan -Yuan Lu. Technology Transfer and Industrial Development in Taiwan[J]. The Journal of Technology Transfer, 1995(20): 33-38.

[151] Hillier,J.Splintering Urbanism: Networked Infrastructures, Technological Mobilities and Urban Condition[J]. Political Geography,2003(6):707-710.

[152] Humphrey J，Schmitz H. How Does Insertion in Global Value Chains Affect Upgrading in Industrial Clusters?[J]. Regional Studies, 2002(9):1017-1027.

[153] Jacquelyne Luce.Mitochondrial Replacement Techniques:Examining Collective Representation in Emerging Technologies Governance[J].Bioethical Inquiry, 2018(15):381-392.

[154] Jones R W, Kierzkowski H. Horizontal Aspects of Vertical Fragmentation[M]. Global Production and Trade in East Asia. New York: Springer US, 2001:33-51.

[155] J. David Patón-Romero, Maria Teresa Baldassarre, Moisés Rodríguez，Mario Piattini. Application of ISO 14000 to Information Technology Governance and

Management[J].Computer Standards & Interfaces, 2019(65):180-202.

[156] John H. Gibbon, Holly L. Gwin. Technology and Governance[J].Technology in Society，1985(7):333-352.

[157] Klaus Schwa. The Fourth Industrial Revolution[M]. UK: Penguin Random House, 2016：6-8.

[158] Joel Mokyr. The lever of Riches: Technological Creativity and Economic Progress [M]. Oxford University Press, 1990.

[159] Joel Mokyr. The Lever of Riches: Technological Creativity and Economic Progress[M]. Oxford University Press, 1990.

[160] L. Alan Winters. Skilled Labor Mobility in Post-War Europe[M]. In: Bhagwati, J and Hanson, G(eds.) Skilled Immigration Today. New York: Oxford University Press, 2009: 53-80.

[161] Levchenko, A A. International Trade and Institutional Change[J]. Journal of Law Economy and Organization. 2013 (5): 1145-1181.

[162] Lin Chen, Ping Lin, Frank Song. Property Rights Protection and Corporate R&D: Evidence from China[J]. Journal of Development Economics, 2010(93):49-62.

[163] Lichtenberg F R, Potterie B P. Does Foreign Direct Investment Transfer Technology Across Borders [J]. Review of Economics and Statistics, 2001(3) : 490-497.

[164] Louis T. Wells, Jr. Multinationals and the Developing Countries[J]. Journal of International Business Studies, 1998(29):101-114.

[165] Luis De Sousa. Understanding European Cross-border Cooperation: A Framework for Analysis[J]. Journal of European Integration, 2012(6):669-687.

[166] Mittelman, James. Rethinking the "New Regionalism" in the Context of Globalization[J]. Global Governance, 1996, 2(2): 189-213.

[167] Nicholas C, Lewis D, Victor L. Regional Governance Matters: Quality of Government within European Union Member States[J]. Journal of Regional Studies, 2013 (1): 68-90.

[168] North D C. Institutions, institutional Change and Economic Performance [M]. Cambridge university press,1990.

[169] North D C. The Role of Institutions in Economic Development [R].United Nations

Economic, Commission For Europe Discussion Paper, 2003.

[170] North, D. C., Wallis J. J. , Integrating Institutional Change and Technical Change in Economic History A Transaction Cost Approach[J]. Journal of Institutional & Theoretical Economics, 1984 (4) :609-624.

[171] Kaufmann, D, Kraay, A, Mastruzzi, M. The worldwide governance indicators: methodology and analytical issues[J].Hague Journal on the Rule of Law, 2011 (2): 220-246.

[172] Kaufmann D, Kraay A, Mastruzzi M. Governance Matters VI: Governance Indicators for 1996-2006. World Bank Policy Research Working Paper, 2007.

[173] Kissinger, H. World Order[M]. New York: Penguin Books, 2014.

[174] Koen Beumer.Nation-Building and the Governance of Emerging Technologies: the Case of Nanotechnology in India[J].Nanoethics, 2019(13):5-19.

[175] Kogut B，Chang S J. Technological Capabilities and Japanese Direct Investment in the United States[J]. Review of Economics and Statistics, 1991(3) : 401-413.

[176] Krugman, P. Increasing Returns and Economic Geography[J]. Journal of Political Economy, 1991(3):483-499.

[177] Krisztina Varró. Spatial Imaginaries of the Dutch-German-Belgian Borderlands: A Multidimensional Analysis of Cross-Border Regional Governance [J]. International Journal of Urban and Regional Research, 2014, 38(6): 2235-2255.

[178] Krugman, P. Geography and trade[M]. Cambridge: MIT Press, 1993:55-76.

[179] Krugman P. What's new about the new economic geography? [J]. Oxford Review of Economic Policy, 1998(2):7-17.

[180] Kubler, D Schwab,B.New Regionalism in Five Swiss Metropolitan Areas: An Assessment of Inclusiveness, Deliberation and Democratic Accountability[J]. European Journal of Political Research,2007(4):473-502.

[181] O C Ferrell, John Fraedrich, Business Ethics: Ethical Decision Making & Cases(10th) [M]. Cengage learning Boston, MA, 2006.

[182] Papadopoulos Y. Cooperative Forms of Governance: Problems of Democratic Accountability in Complex[J]. European Journal of Political Reserch,2003(4): 472-501.

[183] Park S H. Linkages between Industry and Services and Their Implications for Urban Employment Generation in Developing Countries[J]. Journal of Development Economics,1989(2):359-379.

[184] Pearce G, Mawson J, Ayres S. Regional Governance in England: A Changing Role for the Government's Regional Offices? [J]. Public Administration, 2010(2):443-463.

[185] Peter J. Taylor. Regionality in the World City Network[J]. International Social Science Journal, 2004(181): 361-372.

[186] Porter M. Clusters and the new Economy of Competition[J]. Harvard Business Review, 1998(6): 77-90.

[187] R R Nelson, S G Winter. A Evolutionary Theory of Economic Change[M]. Cambridge: Harvard University Press, 1982.

[188] Raff, H., M.Ruhr. Foreign Direct Investment in Producer Services: Theory and Empirical Evidence, CESifo Working Paper, 2001:598.

[189] Robert O. Keohane, Stephen Macedo, Andrew Moravcsik.Constitutional Democracy and World Politics: A Response to Gartzke and Naoi [J].International Organization, 2011(3) :601.

[190] Roskin G. Michael. Countries and Concept: Politics, Geography, Culture[M]. Pearson Education, Inc., 2009.

[191] Ruth Van Dyck. Divided We Stand: Regionalism, Federalism and Minority Rights in Belgium[J]. Res Publica, 2011(2):429-446.

[192] Sarita H R, Vanessa C , Tomayess I . A Green Information Technology Governance Model for Large Mauritian Companies[J]. Journal of Cleaner Production, 2018(198): 488-497.

[193] Scott A J. Globalization and the Rise of City-regions[J]. European Planning Studies, 2001(7): 813-826.

[194] Stubbs. R, Underhill G. Political Economy and the Changing Global Order[M]. London:Macmillan，1994:70-71.

[195] Tamara Metze, Melika Levelt. Barriers to Credible Innovations: Collaborative Regional Governance in the Netherlands[J]. The Innovation Journal: The Public Sector Innovation Journal, 2012(1): 2-15.

[196] The Commission on Global Governance. Our Global Neighborhood: The Report of the Commission on Global Governance [R]. Oxford University Press, 1995.

[197] United Nations Conference on Trade and Development. World Investment Report 2013[R]. Geneva: UNTCAD,2013.

[198] Verdell Clark. Reviewed Work: The Challenge of Existentialism by John Wild[J]. Books Abroad, 1956(2): 227.

[199] Vincent Ostrom, David Feeny, Hartmut Picht. Rethinking Institutional Analysis and Development: Issues, Alternatives, and Choices. International Center for Economic Growth, San Francisco, California, USA, 1988.

[200] Wang Y, Eames M. Regional Governance, Innovation and Low Carbon Transitions: Exploring the Case of Wales[J]. ERSCP-EMSU conference, Delft, The Netherlands, October 25-29, 2010.

[201] Winter S. Economic Natural Selection and the Theory of the Firm[J]. Yale Economic Essays, 1964(4): 225-272.

[202] WR Scott. Institutions and Organizations[M]. Sage publication, 1995. dNorth D C. Institutions, Institutional Change and Economic Performance[M]. Cambridge university press, 1990.

[203] World Bank. The East Asian Miracle: Economic Growth and Public Policy[M]. Oxford: Oxford University Press, 1993.

[204] Yingbo Li. Spatial Heterogeneity and Its Determinants of Taiwan Firms in Mainland China[J]. American Journal of Industrial and Business Management, 2013(1): 75-85.

[205] Zumbusch, Kristina, Scherer, Roland. Limits for Successful Cross-border Governance of Environmental (and spatial) Development: The Example of the Lake Constance Region, REGov workshop "Regional Environmental Governance - Interdisciplinary Perspectives, Theoretical Issues, Comparative Designs" [R]. Geneva, 2010.

后　记

　　本书定稿时，正值新冠肺炎疫情在全球暴发。在这段时期里，全球正经历着一次重大考验。世界经济面临深度衰退，国际政治局势动荡，各国在抗击疫情上的表现各异。复工复产、公共卫生、疫苗研发、团结协作，成为2020年的主题词。中国采取了一系列科学的"抗疫"措施，不仅使得国内疫情得到了有效控制，而且积极地推动全球抗疫合作，贡献着中国方案。在这个时期的居家办公，也给我提供了整理本书写作思绪的难得时光。

　　回想起来，自己对"两岸科技合作"的研究开始于2007年。当时，我作为课题负责人，开始承担中国科学技术交流中心设立的年度研究课题"海峡两岸科技交流统计与分析"。在课题支持下，我跟随着国家推动两岸科技合作的脚步，在大陆对台交流的主要省、区、市以及台湾地区的主要县市进行了实际调研。课题组同时向全国各省、自治区和直辖市（不包括港澳台）的主要对台交流部门和机构发放了年度调研问卷，获得了丰富的一手调研数据。在上述工作的支撑下，我与我的研究团队对两岸科技和科技产业的交流情况开展了动态的年度调研分析。本书中的实证数据和资料主要来自该项工作的积累。

　　本书的观点和结论的形成，也非一朝一夕之事。"寂寂寥寥扬子居，年年岁岁一床书。"阅读大量书籍和研究文献自然是研究者之必须功夫。对两岸关系的研究，则更是一个理论综合性极强，并具有高度复杂性和实践性的场域。研究工作必须要随时跟进两岸关系的瞬息变化。很多时候，台湾相关的研究资料和统计数据不容易取得，为此要花上几个月的时间去与岛内相关机构和人士取得联系；有时，数据得来后却发现建模结果与现实情境无法吻合，对此要与台湾学术界和产业界开展学术讨论，才能基本上了解到他们的真实想法。"纸上得来终觉浅，绝知此事要躬行。"我想，两岸学者都理应在不断的社会实践中丰富完善理论范式，作出学术贡献。

当前，两岸关系所处形势日益严峻。岛内"台独"势力继续加紧各种政治操作，企图尽快与大陆"脱钩"。美国将台湾作为遏制中国发展的棋子，不断打出"台湾牌"。但是，大陆仍为广大台胞提供了在陆投资置业生活的各种便利化措施，"31 条""26 条"和"11 条"相继推出，充分体现了"我们一如既往尊重台湾同胞、关爱台湾同胞、团结台湾同胞、依靠台湾同胞，全心全意为台湾同胞办实事、做好事、解难事"的对台政策。

众所周知，科技已经成为全球价值链高端的主宰力量，更是国家主权、安全和核心利益的必要保障。科技竞争还是科技合作，背后都是政治博弈。因此，全球政治经济格局动荡、产业地理版图变化和重大突发事件冲击而引发的"灰犀牛"和"黑天鹅"的效应叠加，将可能成为科技发展中面临的常态问题。但是，两岸科技合作的利益基础并未因这些"灰犀牛"和"黑天鹅"而被削弱。相反，基于观察研判，我认为：双方科技界和产业界的合作诉求非常强烈。岛内"台独"势力的阻挠和干涉，终究阻挡不了两岸科技交流的历史车轮滚滚向前。对此，本书也试图完整地回应这些问题关切，用学术之理和学者之心来客观评估两岸科技交流进展。

本书的写作和最后完成，得到了两岸各界的指导和帮助。感谢我的单位——清华大学台湾研究院对我潜心从事该项研究的一如既往的支持。中国科学技术交流中心提供的政策平台也使我的研究工作得以继续。感谢参与这项研究的各位老师和同学，是他们热情的参与和投入，才使得本书的内容更加丰富。更要感谢台湾的学术同仁和产业界朋友与我积极讨论，点亮灵感。感谢清华大学出版社的梁斐主任和编辑老师们，他们在疫情期间，仍然辛勤细致地对本书的每一个修改细节提供着宝贵的意见和建议。诚然，本书中仍有不完善和可商榷之处，责任在我，恳请各位读者提出宝贵意见。

最后，谨以此书深切追忆和缅怀敬爱的刘震涛教授。刘老师为两岸关系和平发展与国家统一事业奉献了毕生心力，享誉两岸各界。作为清华大学台湾研究所（清华大学台湾研究院的前身）首任所长，刘老师更是诲人不倦，桃李天下，很多青年人在刘老师的指导下已成长为两岸关系研究领域的知名学者。正是在刘老师的指引和鼓励下，我才有机会走入两岸关系研究这片广阔的学术天地，领略其中之责任并立志于在这片沃土上继续深耕下去。

解决台湾问题、实现祖国完全统一，是全体中华儿女共同愿望，是中华民族根本利益所在。自己能够参与其中，从理论逻辑与学术视角研究两岸科技交流合作的历史、实践与未来治理愿景，这是一份非常厚重的责任。诚然，即使本书仅是国家统一伟大事业和征程中的沧海一粟，也无愧于国家和时代的召唤。

李应博

2020 年 6 月于北京清华园

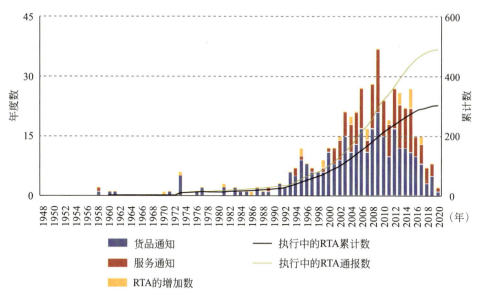

图 1.5　1948—2019 年新加入 RTA（执行中）的数量

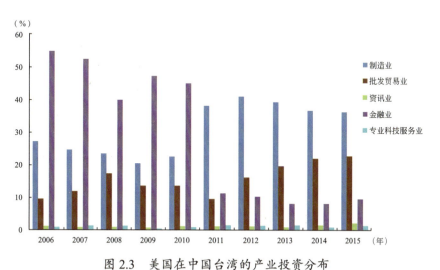

图 2.3　美国在中国台湾的产业投资分布

数据来源：根据台湾中华经济研究院 WTO 研究中心资料整理。

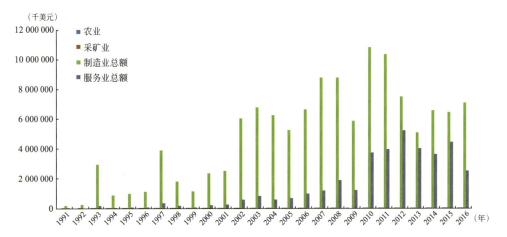

图 2.6　台湾核准对大陆投资的总体产业分布（1991—2016）

数据来源：台湾"经济部"投审会。

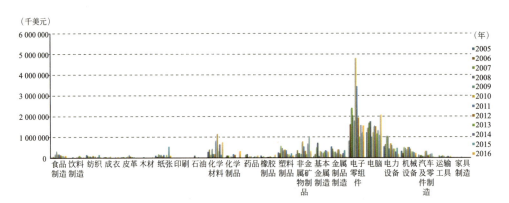

图 2.7　台湾核准对大陆的制造业投资的行业分布（2005—2016）

数据来源：台湾"经济部"投审会。

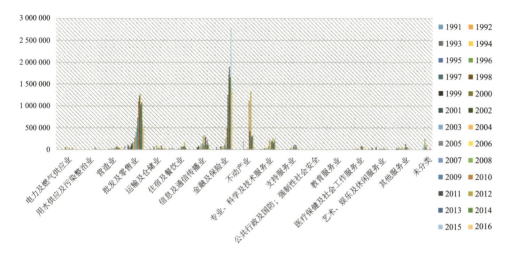

图 2.8　台湾核准对大陆的服务业投资行业分布（1991—2016）

数据来源：台湾"经济部"投审会。

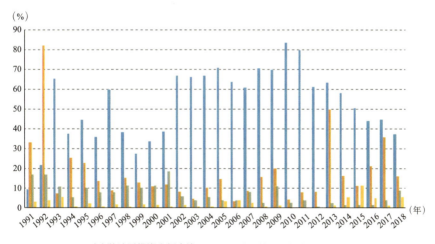

图 2.9　台湾地区对外投资地区分布

数据来源：台湾"经济部"投审会。

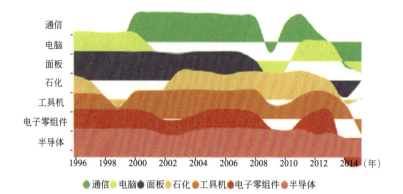

图 2.11　两岸制造业分工中行业关联度的变化

注：前向关联度意为正向带动型；后向关联度意为负向关联。

资料来源：台湾"贸易局"资料库数据及 IEK 分析报告。

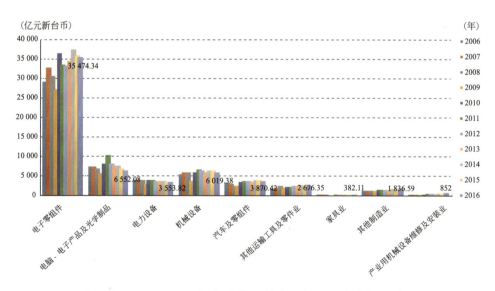

图 2.15　2006—2016 年台湾地区制造业各行业产值变化情况

数据来源：台湾"行政院"主计总处，"2017 年统计年鉴"，2017 年 9 月。

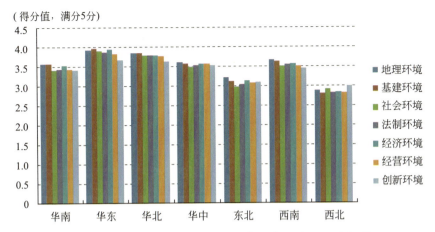

（得分值，满分5分）

图 6.1　2010 年中国大陆吸引台商投资的地区因素评价

数据来源：根据《TEEMA 调查报告》公布数据整理而成。

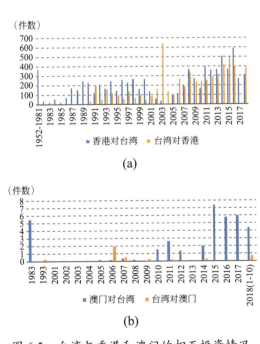

(a)

(b)

图 6.5　台湾与香港和澳门的相互投资情况

（a）台港相互投资；（b）台澳相互投资

数据来源：台湾“海关”统计数据。